World Architecture

Vol.10

Southeast Asia and Oceania

第 **10** 卷

东南亚
与大洋洲

总 主 编：【美】K. 弗兰姆普敦
副总主编：张钦楠
本卷主编：【新加坡】林少伟
　　　　　【澳大利亚】J. 泰勒

20 世纪
世界建筑精品
1000 件

生活·讀書·新知 三联书店

20 世纪世界建筑精品 1000 件
（1900—1999）

总主编：K. 弗兰姆普敦

副总主编：张钦楠

顾问委员会

萨拉·托佩尔森·德·格林堡，国际建筑师协会前主席

瓦西里·司戈泰斯，国际建筑师协会主席

叶如棠，中国建筑学会理事长

周干峙，中国建设部顾问、中国科学院院士

吴良镛，清华大学教授、中国科学院院士

周谊，中国出版协会科技出版委员会主任

刘慈慰，中国建筑工业出版社社长

编辑委员会

主任：K. 弗兰姆普敦，美国哥伦比亚大学教授

副主任：张钦楠，中国建筑学会副理事长

常务委员

J. 格鲁斯堡，阿根廷国家美术馆馆长

长岛孝一，日本建筑师、作家

刘开济，中国建筑学会副理事长

罗小未，同济大学教授

王伯扬，中国建筑工业出版社副总编辑

W. 王，德国建筑博物馆馆长

张祖刚，《建筑学报》主编

委员

Ю.П.格涅多夫斯基，俄罗斯建筑家联盟主席

关肇邺，清华大学教授

R. 英格索尔，美国锡拉丘兹大学意大利分校教授

V. M. 兰普尼亚尼，瑞士联邦理工学院教授

H.–U. 汗，美国麻省理工学院副教授

U. 库特曼，美国建筑学作家、评论家

林少伟，新加坡建筑师、作家、教授

R. 麦罗特拉，印度建筑师、作家

J. 泰勒，澳大利亚昆士兰理工大学教授

郑时龄，同济大学副校长、教授

本卷主编

林少伟（William S.W.Lim）

J. 泰勒

中方编辑：张钦楠

本卷评论员

东南亚

曾文辉（Chen Voon Fee）

何刚发（Richard K. F. Ho）

S. 朱姆赛依 /D. 布纳格

F. B. 马诺萨

Y. 萨利雅

B. B. 泰勒

大洋洲

P. J. 哥德

A. 梅特卡夫

R. 米拉尼

N. 廓里

R. 沃尔登 /J. 嘉特丽

翻译（英译中）：张钦楠

目　录

东南亚

1900—1919

IIIIIIIIIII *1980—1999*

大洋洲

IIIIIIIIIII *1960—1979*

‖‖‖‖‖‖‖ *1980—1999*

分区与提名的方法

　　难以想象有比试图对20世纪整个时期内遍布全球的建筑创作做一次批判性的剖析更为不明智的事了。这一看似胆大妄为之举，并不由于我们把世界切成十个巨大而多彩的地域——每个地域各占大片陆地，在社会、经济和技术发展的时间表和政治历史上各不相同——而稍为减轻。

　　可以证明，此项看似堂吉诃德式之举实为有理的一个因素是中华人民共和国的崛起。作为一个快速现代化的国家，多种迹象表明它不久将成为世界最大的后工业社会。这种崛起促使中国的出版机构为配合国际建筑师协会（UIA）于1999年6月在北京举行20世纪最后一次大会而宣布此项出版计划。

　　尽管此项百年评介之举的背后有着多种动机，做出编辑一套世界规模的精品集锦的决定可能最终出自两个因素：一是感到有必要把中国投入世界范围关于建筑学未来的辩论之中；二是以20世纪初外国建筑师来到上海为开端，经历了一个世纪多种多样又反反复复的折中主

K. 弗兰姆普敦
（Kenneth Frampton）

美国哥伦比亚大学建筑、规划、文物保护研究生院的威尔讲座教授。他是许多著名建筑理论的开创者和历史性著作的作者，其著作包括：*Modern Architecture: A Critical History* (London: Thames and Hudson, 1980, 1985, 1992, 2007)和 *Studies in Tectonic Culture: The Poetics of Construction in Nineteenth and Twentieth Century Architecture*, edited by John Cava(Cambridge: MIT Press, 1995, 1996, 2001) 等。

义之后，中国有重新振兴自己建筑文化的愿望。

在把世界划分为十个洲级地域后，我们的方法是为每一地域选择100项均衡分布在20世纪的典范建筑。原本的目标是每20年选20项，每一地域选100项重要作品，全球整个世纪选1000项。然而，由于在20世纪头25年内各国的现代化进程不同，在有的情况下需要把前20年的份额让出一半左右给后来的80年，从而承认当"现代时期"逐步降临时世界各地技术经济发展初始速度的差异。

十个洲级地域的划分如下：1.北美（加拿大和美国），2.中、南美（拉丁美洲），3.北欧、中欧、东欧（除地中海地区和俄罗斯以外的欧洲），4.环地中海地区，5.中东、近东，6.中、南非洲，7.俄罗斯－苏联－独联体，8.南亚（印度、巴基斯坦、孟加拉国等），9.东亚（中国、日本、朝鲜、韩国等），10.东南亚和大洋洲（包括澳大利亚、新西兰、塔斯马尼亚和其他太平洋岛屿）。

这一划分一旦取得一致，接下来就是为每一卷确定一位主编，其任务是监督建筑作品选择过程并撰写一篇综合评论，对本地区的建筑设计做一综述。这篇综合评论的目的除了作为对本地区建筑文化演变的总览之外，还期望对在评选过程中由于意见不同、疏忽或偶然原因而难以避免的失衡做些补救。评选由每卷聘请的五名至九名评论员进行，他们是建筑评论家或历史学家，每人提名100项典范作品，由主编进行综合后最后通过投票确定。

我个人的贡献可以视为在更广泛的范围内对这种人为的地理分割和其他由于这一程序所必然产生的问题

进行补救。然而，在进一步论述之前，我必须说一下在总的现代化过程中出现的有争议的现代建筑和似传统建筑之间的区别。后者承认现代化，但主张以某种措施考虑文化延续性和抵抗性，因此被视为"反动的"。这样，人们会发现各卷之间选择的项目在性质和组成上有甚大的不同，不论是在设计思想上，还是在表达时代的技术和社会特征方面。

在这传统和创新的演示之外，另一个波动是更难解释的同一时间和地点发生的不同建筑表达模式，它们不仅在强度上不同，而且作为一种文化势力或运动的存在时间也大相径庭。为了说明这种变化，我们可以芝加哥的草原风格为例。它从1871年的大火到1915年赖特设计的米德韦花园（Midway Gardens），是连续发展的，但其后这一地方性运动就失去了其劲头和方向；与此相反的是南加州家居发展的长得多的轨迹，它从1910年 I. 吉尔设计的道奇住宅开始，到60年代洛杉矶的最后一座案例研究住宅为止，佳作延绵不断。同样，我们可以提到德国在1905年至1933年间特别丰产的时期，以及芬兰、捷克斯洛伐克同一时期的状况，其发展一直延续到第二次世界大战之前。人们也可注意到：这两个国家对激进现代建筑的培育离不开国家作为进步现代力量的概念。类似的意识形态上的民族文化轨迹在斯堪的纳维亚国家和荷兰的特定时期也可看到。

我们还可以看到与结构工程学相关的文化如何因时因地变化，在某个国家其技术潜力和优雅可塑达到特别高超的程度，而另一国家尽管掌握其普遍原理，却逊色甚多。于是，在1918年至1939年间的法国、瑞士、意大利、捷克斯洛伐克和西班牙可见到真正出色的结构工程文化，尤其是在钢筋混凝土领域，而英美国家在同一时期内却只有最实用主义的构筑形式。在英国，唯一的例外是工程师E. O. 威廉斯的工厂建筑和丹麦流亡工程师O. 阿鲁普的作品。在美国，混凝土领域的例外案例是巨大的水坝，特别是在田纳西河流域管理局以及在科罗拉多建造的巨石坝。

当然，在世界范围内，技术经济发展的速度是大为不同的，至今，还有前工业文化，乃至前农业、游牧、部落文化以这样那样的方式生存下来。同时，有组织的建筑产业连同建筑师职业实践在许多国家仅仅是第二次世界大战以后的事。这种前建筑师的建造文化，B. 鲁道夫斯基在他1963年出版的书中用了"没有建筑师的建筑"这一标题。今日在所谓"第三世界"中却出现了扭曲的反响，这里的许多大城市周围出现了自发移民的集合，自占的土地，没有足够的基础设施，也就是无水、无电、无污水处理等为人类密集居住场所保证健康生存所必需之物。对此，我们得承认一个严峻的事实，这就是即使在像美国这样的发达国家，每年建造量不足20%的部分才是由职业建筑师所设计的。

从无处到有处到更远一

导言

在20世纪初期，东南亚已完全沦为殖民地，政治边疆由西方强国任意划定，丝毫不考虑历史、文化和种族等因素。在这一过程中，本地区经历了由稳定确立、相对开放、能灵活应变的社会沦落为受剥削、压制和征服状态的转变。只有泰国，由于法、英之间的矛盾和本地人善于利用其矛盾的机智而得以保持自己的特色和独立。

码头、铁路、公路和其他基础设施如电报、电话等，均随着庄园经济的迅速发展和农业资本主义

林少伟

林少伟生于1932年，从建筑联盟学院（AA School）毕业后，获得富布赖特基金会奖学金，在哈佛大学城市与地区规划系进修。他是新加坡籍。其专业为建筑学、规划学和发展经济学。他是 W. 林事务所主要负责人。该所的宗旨是更新观念和卓越设计。他曾就建筑学发展方向和亚洲城市问题等多项主题写作和演讲。他的作品有：

* Equity and Urban Environment in the Third World with Special Reference to ASEAN Countries and Singapore (1975);
* An Alternate Urban Strategy (1980);
* Cities for People: Reflections of A South East Asian Architect (1990);
* Contemporary Vernacular: Evoking Traditions in Asian Architecture, Co-author with Tan Hock Beng (1997);
* Asian New Urbanism (1998).

除 Contemporary Vernacular 外，其他均为文章和演讲的汇编，涉及问题广泛。他是亚洲建筑师协会的主席，《团结》（马尼拉的一份关于现代事件、观念和艺术的刊物）的编委会成员。他还是皇家墨尔本理工学院（RMIT）的兼职教授。

的引入而得到发展。与此同时，新经济所需要的金融和商业服务加快了城市化进程。

城市人口的增加也严重加剧了种族隔离。在殖民主义的城市集居点中，一个鲜明的特征就是权力与利益的分配不均。殖民势力几乎控制了整个现代经济，并统治着大城市的主要区域。西方人居住在精心选择的舒适而隔离的地点。I.苏德拉贾特在其对荷兰占领区的批判评价中写道："印尼的建筑和城市被设计成为殖民统治的一个组成部分，为建立控制、管理各项活动和在城区维持一定程度的社会、经济和美学水准而服务……20世纪初在印尼的荷兰殖民城市是文化多样化的'容器'，在这里，有特权的社会阶层享有各种利益，而下层人民则通常机会短缺、地位低下，又没有政治发言权。"[1]

在殖民时代，前殖民地中的传统被冻结了。更糟糕的是，在任意干预下，它们往往被修改或增加以满足某些殖民主义者的功能、意义或美学表现上的胃口。杨淑爱在其 *Contesting Space: Power Relations and the Urban Built Environment in Colonial Singapore* 一书中写道："殖民主义不只是简单地施加政治和经济强制，而且还实施思想和文化侵略。殖民主义的遭遇往往采取一种仪式化的形式，靠某种观念、体系及实践的输出来维持，以排挤本土形式或以殖民势力的形象来重新塑造。"[2]

在第二次世界大战后的年代中，东南亚的国家相继取得独立，有的是在殖民者撤走之后和平实现，如马来亚（1963年改组成马来西亚——编注）和菲律宾，有的则经过悲剧性的残酷斗争。越南、老挝和柬埔寨是"冷战"的不幸牺牲品。这些国家经受了半个世纪的巨大波动和意识形态的分歧，被一种极其血腥的战争和破坏所吞食。

除了一些微小的边界线调整以及至为重要的南北越统一外，本地区的新民族国家的政治边界线异常稳定。因此，多数东南亚国家至今仍在致力于解决其内部的多种族、多文化和多种宗教信仰的问题也就不足为奇了。

1997年东南亚国家联盟（ASEAN，简称"东盟"）庆祝成立30周年是一个分水岭。它决定扩大成员以包括老挝和缅甸。通过最终实现"东盟十国"——只有柬埔寨的盟籍被推迟到它选举后再定——东盟最终包括了地理学家所确认的整个东南亚。东盟将在互利的原则上促进经济、政治和文化关系，它的政策和活动将对外部国家和自己产生重要影响。

东盟国家包括：文莱、柬埔寨、印度尼西亚、老挝、马来西亚、缅甸、菲律宾、新加坡、泰国和越南。这些国家的国情迥异——土地面积、人口、人均收入和经济发达程度等各不相同。[3]然而，这些国家却有很多共同点，有许多它们共享的经验，包括：从亚洲各地区传来的历经多世纪的文化，强加的西方统治（除泰国）、列入"另册"的现代化以及共同的气候特征。这些区别和共同点在每个国家的城市与建筑中得到反映。

在西方，现代化指的是先在欧洲后在美国发生的一种转变的历史过程。现代性是以希腊罗马传统为基础，随后经过中世纪和文艺复兴发展到工业革命及其后的产物。

从历史上说，西方世界生成了现代性的基本概念和初始的发展动力，以及近来迅速变革的价值观和生活方式。因此，人们可以理解许多西方人对此仍然有一种强烈的占有感。对很多人来说，不论他倾向古典或现代，亚洲建筑都显得过于装饰化，甚至是华而不实的。其陌生的设计原理和美学规则只能使它们被方便地排斥在正统的建筑论述之外。土耳其学者 G. B. 纳班托格鲁写道："在不平等的殖民者与被统治者的遭遇中，我不得不回到维特鲁威的传统，这种西方建筑理论控制了识别建筑的所有界限。"[4] 弗莱彻在他的著作中毫不隐讳地把非西方的建筑列为非历史风格。这个"非"字意味着欠缺。按弗莱彻的说法，"历史欠缺的风格的标志就是过分的装饰化"。

长期以来，主要从欧美来的历史观点是，东南亚只是多种文化影响的一个交汇点，它的文化来自亚洲邻邦，特别是北面的中国和西面的印度乃至更远。从来没有人认真考察过处于这种遭遇下的本地文化的意义和性质。

在近三四十年间，出现了对东南亚文化的新阐释。按 C. 阿森的说法："最重要的并且正在不断被探讨和接受的，是认为存在这种可能性，即它们的文化发展有其本土的基础：它们不全是，或主要不是派生的，外来因素与其说是'影响'，不如说是'交流'。"[5]换句话说，所谓"软"文化，也就是说东南亚的本土文化，不能简单地在它们多个世纪以来所经受的更强大、更咄咄逼人的外来文化面前被否定为自然臣服者。事实上，这种文化已经证明了自己在长期的对立和压迫下的灵活性和生存能力。

建筑师 S. 朱姆赛依以杰出的学术造诣在他的著作 *NAGA: Cultural Origins in Siam and the West Pacific* 中推论，东南亚是水生文明的发源地，其记忆至今还流行于人民的精神意识中。这一文明的建造纪录是非永久性的，它的人口经常流动，并总是住在水边。我在此引述他的话："广义地说，地球上只有两种文明：一种本能的是以受拉材料为基础的，另一种则以受压材料为基础。前者产生于水上技能和求生本能。在需要时只在最少辎重下流动。"[6]

今日，迫切需要以其本身条件来审视东南亚，以提供从亚洲角度重新阐释它并承认东南亚文化的内在力量、复杂性和特征的智能空间。我们需要克服那种以大城市为主导的观念。同时，我们应当泰然地接受当代现实，共享其现代性，包括信息技术和全球网络的社会。

20世纪的东南亚建筑不可能轻易地以系统的方式评介。以完成时间来排列和介绍被选择的建筑不可能代表或反映这些社会的复杂织锦。这些国家由于其社会、经济、政治的发展步伐不一，使其建筑经验有巨大的区别。其他重要因素包括反殖民主义斗争、"冷战"中的意识牵涉、政府智力素质以及政治领导人的献身精神和工作能力。

关于东南亚建筑史的研究和著作为数很少。在地区基础上的研究工作仅仅开始。在本文中，我将尝试以对各国在时间上有所交叉的条件下将东南亚的建筑史分为四个时期，即：1.晚期殖民主义时代；2.英雄主义和认同性；3.大都市的主导地位和当代乡土性；4.当前的危机和前景。

晚期殖民主义时代

本地区的单一统一因素是这些国家在1900年到1941年12月8日（太平洋战争开始）之间的晚期殖民主义的共同经验。第一次世界大战和随后的经济大衰退对本地区的影响程度不同。但是，殖民主义仍然按其传统方式继续其统治，只做了微小的调整。有两位本地出生的作

家在 *A History of Singapore Architecture* 一书内对新加坡做了如下的描述："两次大战间的日子出乎寻常地平静，标志是殖民官员和欧洲移民与亚洲人在社区上隔离，并对周围发生的一切日益表现出一种傲慢、自满和盲目态度。在多数情况下，它表明帝国正逼近黄昏，终被第二次世界大战所粉碎。"[7] 西方在知识和种族领域中的傲慢态度继续在社交关系和对被统治者文化的观念中表现出来。

在这一时期，最重要的公共、机关和商业建筑都由西方建筑师设计，展示了新古典主义的最终光辉。在殖民城市中，西方对重要公共空间的美学统治表现为提供一种无可挑战的强力的心理象征。按 W. 克拉森的说法，菲律宾是唯一的例外，因为美国人执行了一种"慈善同化"的政策，特别是在教育、卫生领域和提供特别需要的基础设施方面。[8] 年轻的菲律宾建筑师纷纷从美国回来开业，其中最知名的是 J. M. 阿雷拉诺，他设计了新古典主义的马尼拉邮政局（1926年）和装饰艺术的大都会大剧院（1931年）。

然而，当时亚洲的私人资本开发不在这一地区，而是在上海的外滩和孟买的装饰艺术风格的滨海道。但是，这些建筑中的优秀者即使是外人设计的，仍然在本地区的建筑遗产中值得取得一席之地。由 J. 德布瓦和 L. 肖松设计的柬埔寨金边的新中央商场就是一例。B. B. 泰勒认为，这栋建筑是"亚洲20世纪早期伟大的现代房屋之一，但是它的杰出品位——甚至它的存在——都没有受到注意，因为它建造于1937年"[9]。另一个值得注意的例子是印度尼西亚由 H. M. 庞特设计的杂交风格的万隆理工学院（ITB）礼堂（1920年）和由 W. 休梅克设计的令人振奋的装饰艺术风格的伊索拉别墅（1933年），以及由斯旺与麦克拉仑事务所设计的新加坡火车站（1932年）。我们迫切需要建立一个泛亚洲范围内的研究文件，以记录西方建筑师在此时期内设计的重要项目。

泰国的皇室和在有些场合下马来西亚半岛上的保护国对自己的宫室和宗教建筑显示了独立的审美倾向。他们培植了一种适合自己爱好的杂交建筑风格，两个泰国的例子，包括一项闻名的杂交文艺复兴风格建筑，即大皇宫（1882年）中的节基殿（Phra Thinang Chakri Maha Prasat）和威曼美克皇宫（1901年）。

马来西亚的乌布迪亚清真寺（1913—1917年）是取材于印度莫卧儿建筑的一个范例。它是由英国殖民行政官所引进的，因为他对殖民前的英属印度的本土文化熟悉。另一方面，肯南甘宫殿（1929—1931年），现为马来西亚瓜拉江沙的霹雳州皇家博物馆，它的设计则考虑适应统治者的个人生活方式。为此，该宫殿采取了马来西亚本土的乡土设计构造和非传统屋顶的强有力的混合手法。

在欧洲的战争年代中，关于现代建筑的学术讨论这一巨大的活力在继续。主要的活动有1931年国际现代建筑协会（CIAM）制定的《雅典宪章》。在此时期内，也建立了一些重要的学校，如德国的包豪斯和其后伦敦的建筑联盟学院。勒·柯布西耶、密斯·凡·德·罗和格罗皮乌斯与其他人通过他们的著作和建筑产生了巨大的影响。建造了许多实验性建筑，提出了许多新概念并进行了批判性讨论。然而，现代建筑在东南亚的影响微弱，只有少数不太知名的建筑是以现代手法设计的。有意义的例子包括在菲律宾的由 P. 安多尼奥在 20 世纪 30

年代晚期设计的远东大学，在新加坡的新加坡改进信托基金会公寓（1936—1941年）和卡朗机场（1937年）。这种影响持续到第二次世界大战之后，特别见之于马来西亚的联邦大厦（1954年）、新加坡的亚洲保险公司大楼（1954年）和马来西亚的李延年大楼（1959年）。

在1941年之前，本地区大城市中心地区的城市结构大多是在精心管理下以多种乡土及杂交风格建造的两层至四层联排的骑楼（商住楼）。这些建筑门面宽为四米至六米，进深不一。它们的底层可做多种用途，而上层一般供居住。后来，有钱人搬到郊区居住，市内的人口密度由于工人和新移民的涌入而剧增。在许多情况下，这些建筑因过于拥挤而败坏。同时，城市中出现了新的贫民集居区，占据了周围村镇，使城市迅速扩大。有的殖民官员出于好意试图改进城市设施并向贫民提供住房。然而，这些措施至多只是些象征性福利，对日益恶化的城市环境和住房危机于事无补。

英雄主义和认同性：战后年代

日本在1945年8月15日投降之前占领了整个东南亚（除泰国）。战争给经济带来了灾难，并使人民长年经历困难和痛苦。从这一经验，当地人民理解到殖民主义不是不可战胜的，同时日本占领者和殖民主义的行为一模一样。"二战"后，欧洲强国仍然不愿意放弃自己的殖民地——荷兰一直赖到1949年，法国继续占领越南直至1954年战败。马来西亚和新加坡有自己的急迫问题。多米诺理论由此产生，使东南亚陷入"冷战"。本地区的知识环境日益受到麦卡锡主义噩梦般的骚扰，特别是在美国发动干涉越南战争之后。即使是由尼赫鲁、纳赛尔和苏加诺等领导的不结盟国家第三势力，也未逃脱嫌疑。

在苏加诺总统的"有指导的民主时期"（1957—1965年），现代建筑以巨大的信念被作为力量和现代性的象征引入印度尼西亚。现代运动内在的排斥旧秩序的意识形态适合民族主义的高潮。许多大型建筑和重要民族性纪念碑连同主要公路同时修建。这一建设计划在苏加诺1965年垮台后仍以更大的成熟性和商业主义继续发展。这些建设项目有着前所未有的政治意义，被人们描述为幻想性和英雄主义的。[10]可选的例子有：印度尼西亚旅馆（1962年）、苏加诺体育中心（1962年）和图古·莫纳斯民族纪念碑（1978年）。这些项目类似于泰国銮披汶元帅时代为曼谷进行的大型现代城市设计，最突出的例子是拉查达姆纳大道的联排房屋（1946年）。

在第二次世界大战之后，现代建筑为多国当局和许多欧美的学校所接受。1951年举办的"英国节"使现代建筑群众化。格罗皮乌斯主持下的哈佛大学，密斯主持下的伊利诺伊理工学院（IIT）和其他一些西欧的学校成为严肃讨论建筑学的神经中枢。勒·柯布西耶在英国等西欧大部分国家被视为偶像。这段时间里，到处建造了重要和令人振奋的项目，新观念不断被探索。对建筑师来说，这确实是一个兴奋的时期。

许多亚洲的青年建筑师，包括日本的，在20世纪50年代及其后进入这些先进的院校学习。这样，他们就接受了在建筑和城市学方面不可思议的丰富多彩的智慧性和创造性观念的熏陶。他们得以享受到这一时期大师们第一手的经验传授。东南亚的学生在50年代中期修读了在建筑联盟学院由 E. M. 弗莱和 J. 德鲁开设的首届热带建筑学的课程。同时，勒·柯布西耶正与同一班子在设计昌迪加尔。他大量采用了"Parasol"结构（一种能防止下面空间受日晒雨淋的悬挑屋顶）和"brise-soleil"策略，设计垂直的遮阳板。昌迪加尔、萨伏伊别墅和朗香教堂都成为他脱离过去纯洁时期较为正规的设计和理论的重要作品。[11]

许多青年毕业生，带了现代建筑的思想和美学手法回来，这些观念看来都具有全球通用的价值。他们接受了勒·柯布西耶和其他大师们的思想以及当时建筑讨论中最动态和令人鼓舞的观念。这些智慧的激励，加上新取得的政治独立带来的兴奋，促使这些年轻的亚洲建筑师寻求自己设计的国际合法性。他们在使建筑适应气候特征和对文化与认同的阐释方面同样下了功夫。这种英雄主义的尝试取得了良好的效果。可选的例子有：位于新加坡的新加坡会议厅（1965年），位于马来西亚塞伦班的国家清真寺（1967年）、地质馆（1968年），位于新加坡的电话局（1969年），位于泰国的英国文化协会大楼（1969—1970年），位于新加坡的人民公园建筑群（1973年）和金里程建筑群（1973年），位于泰国的科学馆（1976—1977年）等。

谭柯蒙（译音）在评论1965年建的新加坡会议厅与工会大楼时说："看来中性的'热带现代'形象比较适宜于反映新加坡经济和社会过程的现代性……认同性这一恼人的问题对作者的创作和道义良心来说仍然是重要的关怀的主题……不论是象征性的或工具性的，要阻止表现的封闭性……都会导向认同性问题的提出。"[12]

在这种令人鼓舞的环境中，1969年成立了一个非正式的泛亚合作组，称为亚洲规划与建筑咨询组（APAC），它的成员有：日本的槙文彦、长岛孝一，中国香港的何弢，印度的查尔斯·柯利亚，新加坡的林少伟，泰国的S. 朱姆赛依等。他们经常会晤以交流经验和观点，并探讨亚洲建筑与城市发展方向。[13]

在东南亚国家中，菲律宾有最长的建筑教育史，其第一所建筑院校是在1925年建立的玛布亚科技学院。其后，泰国于1930年在国家工艺美术学院中建立了建筑学院。不奇怪的是菲律宾的文化环境为L. V. 洛克辛提供了肥沃的创作土壤。他的第一个设计——圣洁礼拜堂（1955年）使他顿时成名。W. 克拉森认为：使洛克辛突然成名并持久富有成就的最令人信服的理由是，他毕生有意识和无意识地，努力寻找一种真正属于菲律宾的建筑学。不幸的是，他的顽强的亲美思想减弱了他和亚洲同行进行任何认真的学术探讨的机会。他在菲律宾独领风骚几十年，直至1994年去世。[14]洛克辛的重要作品包括演艺剧院（1969年）、菲律宾国际会议中心（1976年）和菲律宾国家艺术中心（1976年）等。

在这一时期内，包括学校、俱乐部、旅馆、商业等主要建筑均以强烈的种族和文化的形象表现。这些带有鲜明地方文化色彩的现代建筑是对倾向传统的业主的简单化反映。但是，当这种设计手法被用到高层建筑中去的时候，其矫揉造作的象征性就显得滑稽可笑了，如新加坡的诗家董大楼（C. K. Tong，1982年）。在此，我们应当肯定H. 卡斯图里在提供一种得到公认的、基于种族文化的象征手法方面的努力。这种手法在他的许多建筑中被成功运用，如：马来西亚的鲁什大楼（1986年）和五月银行大厦（1987年）等。尽管人们对其美学和建筑品位有所争议，但它们在寻求一种民族和文化的认同性方面的意义却应当被肯定。

毋庸赘言，本地区做了大量寻求认同的努力。我们还必须承认和识别跨文化的影响。东南亚文化和建筑遗产中的织锦性日益被人发现和重新得到欣赏。在1985年，印度尼西亚的知名学者索贾特莫科认为："一个民族、一个文化的建筑认同，如果要求真实而不落俗套，就应当扎根于社会，并且要能反映出社会面临的问题。"[15]他还警告说，认同性不是一种固定不变的、永久定型的商品，而是一种经常变动的社会—文化本质。

大都市的主导地位和当代乡土性

由于有一个致力于经济发展的强有力的政府，新加坡从20世纪70年代初就开始争取成为像中国香港一样的全球性城市，以吸引跨国公司投资。在这一过程中，这个岛国很快地进行了地位和结构的调整，以取得最大收益——英语取得至高无上的重要地位、核心的小家庭得到鼓励、大型城市再开发得到实施。新加坡的令人难以置信的快速增长随后发生在马来西亚、泰国、印度尼西亚，而后是中国和其他东南亚国家。我们可以特别从主要城市中心的发展中看到这些国家经济和社会的快速转变。日益增长的信心使许多亚洲人克服了产生于过去的共同遭遇的殖民主义统治和经济落后的种种情结。然而，这些国家近期实施的开放往往导致当代艺术、时尚和生活方式咄咄逼人地引进，还带来了好莱坞式的娱乐、垃圾食品和商业化的企业建筑风格。

华尔街和第五大道成了我们城市环境和建筑志向的灵感形象。不奇怪的是当局积极地引入和鼓励国际风格，特别是由那些外国知名的大设计公司所设计的。这些大都市的建筑师带来了自己的观念和情趣，建造了一批与环境文脉无关、对气候貌无兴趣、没有文化参照的建筑。

更有甚者，许多地方设计师甘愿充当次要角色，以学习掌握有关的专业和技术知识，然后能产出同类设计产品。一旦他们从那些大都市建筑师那里学来了施加最新建筑时尚的包装技术之后，他们就可以转而向那些正在兴起的国家出口专业服务。有关初始的智慧和创作能量以及基础性的建筑理论很少被感到需要、理解或领会。因此，上千栋高层建筑和数百万栋投机性建筑在东南亚建成而完全无视基本的设计原则也就毫不令人奇怪了。许多项目运用了传统的形象，如假古典的正立面或在高楼大厦的顶上加顶"历史"帽。抄袭重复也广被接受。然而，这些重复过多地并毫无选择地出现，使其原型也失去了其意义。过去的建筑风格被当作档案记录可以任意掠夺以取得历史合法性。这样，重复在创作过程中就成为创新的取代者。

在这种情况下，由严肃的建筑师所做的有前景的建筑实验就无人问津而受到压制。但微弱的声音和剩余的努力仍然继续。我们可以看到以下例子：泰国的机器人大厦（1986年），马来西亚的中央广场（1986年），新加坡的坦平社区俱乐部（1986年）[16]和卡姆布吉斯开发（1989

年）[17]，泰国的民族大厦（1991年），新加坡的阿比利亚公寓（1994年），泰国的民族塔楼（1995年）[18]和新加坡的海上巡游俱乐部（1999年）[19]等。在大批丑恶商业主义和抄袭风格的大型建筑的无情包围中，这些项目几乎是隐身不现的。

取得国际许可的杨经文是一个例外。杨在他的设计公式中总是要引入一个"生物气候因素"[20]，如他设计的美新尼亚加大厦（1992年）。这种气候理性化的形式给他的高层建筑赋予了不同于N.福斯特及其追随者的特性。此外，他还在自己的近期设计的外围结构中引入了各种复杂处理，如上海阿墨里大楼（1997年）和名古屋大楼等。[21]与C.柯利亚、G.巴瓦等不同，杨可能是在日本之外唯一一名被大都市建筑师精英们划入自己势力范围内的人物。

与此同时，人们越来越认识到，我们的文化遗产是全球文化的一个锚固和砝码。遗产给过去赋予意义，解释现在并为未来提供内在力量和信心。人们开始认真对待传统地区的保护和适应性改造。[22]在东南亚国家的遗产保护组织之间日益展开经验的交流和共享。本地区最令人兴奋和感到成功的两项适应性重建项目是新加坡的不夜天保护区（1982年）[23]和马来西亚的中央商场（1986年）[24]。二者都是由关心遗产保护的个人针对有关当局的固定观念从推土机面前及时地抢救下来的。

为了解除殖民主义以后存在的对自我发现的思想障碍，非常必要的是对过去进行阐释并用多元化的手法把它们纳入现代，使它们成为能丰富我们生活的活生生的传统。建筑学中的当代乡土性可被定义为一种自觉的努力，试图揭示某一种对特定的场所和气候条件做出独特反应的传统，并对它的形式和象征认同进行再阐释，从而创造出新的形式，可以反映当代现实包括价值观、文化和生活方式。文化传统不再被视为与现代化过程相抵触的外来物。

公众对东南亚丰富的文化遗产的增长性理解加强了对"根"的寻求，并探索如何重建与过去建筑的联系。正是在这个意义下，许多主要的建筑师正在积极地以新的热忱追求与传统和地方特征的结合。这些建筑师是在相对隔绝的情况下进行自己的阐释的。只是在近年才有机会相互影响。[25]其中有的已成功地从乡土文化内在的活力中提炼出基本特征并赋予其新的活力。我指的是像印度尼西亚的R.苏拉托、马来西亚的J.林和新加坡的W.林。还有擅长旅游建筑设计的新加坡的K.希尔等的写作和设计，其中的佳品有：马来西亚的华联住宅（1984年）、新加坡的罗依特住宅（1990年）和区（译音）宅（1993年）、马来西亚的达泰旅游村（1993年）、印度尼西亚的巴厘塞拉依（1994年）和菲律宾的弗罗伦多家庭别墅（1994年）。

速度、贪婪和密度成为本地区主要城市中心快速发展的主导因素。这些因素的组合创造了与西方经验完全不同的史无前例的条件。也许，这些城市由于它们的混乱秩序、多样性和不自觉的复杂性还能保持自己的吸引力和动态感。[26]

快速的经济发展已经为现代化建立了诸多方面的清晰形象。然而，现代化不能自动地等同于非西方国家中的现代性。需要建立另一种现代性，这就是在传统和当代生活之间建立延续性和联系，并不断扬弃、再阐释甚至再创造殖民时期和后殖民时期的过去。

当前的危机和前景

近期出现的出乎意料的经济动荡于1997年在泰国开端，不久就波及印度尼西亚、马来西亚和韩国，再扩大到东亚和东南亚的其他国家，导致亚洲货币和股票的贬值，许多国家经济出现衰退或更糟糕的状态。最受影响的国家处于震荡之中。印度尼西亚情况最糟。许多人认为几十年的努力和经济进步已毁于一旦。有的政治家甚至责怪外国人有一秘密计划。回过头来看，不难发现断层在何处，它包括：不断升级的腐败、失控的裙带关系和糟糕的管理。然而，即使是新加坡和中国香港这两个在国际上被公认的"理想资本主义"模型也深受影响。只是在最近，通过冷静的分析才开始识别关键所在——在所有国家都存在的因政府失控导致谁都可以插一手的开发热。贪婪、速度和投机成了头号因素。财政和人才资源的使用出现失衡。土地和物业的漫天涨价伤害了生意，扭曲了投资的先后次序，生活费用的高涨粉碎了年青一代中产阶层的期望。

与此同时，关于亚洲价值的争论还在继续。过去的几十年里，亚洲地区的经济成功和在贸易保护主义、民主、人权等问题上的摩擦，使亚洲价值变成了一个高度"充电"的政治演习。对亚洲价值颂扬最甚的多数是东南亚的高级官员及外交界的知识分子，[27] 包括在东京召开的以"亚洲价值与亚洲的民主"[28] 为主题的国际会议上的主要发言人。近期在《经济学家》上发表的文章用了如下的副标题："亚洲价值既不能解释这些老虎的惊人成功，也不能解释它们的惊人失败。"[29] 希望这段话至少能在目前对那些断言亚洲价值与地区经济地震之间关系的讨论有所启迪。

正是在这种情况下，我们需要审视在东南亚出现一种向高品位的建筑和城市学冲刺的可能性。现在是暂停一下进行反思的时刻，来想一想我们做了什么和如何从错误中学习。我们可以运用自己积累的知识和经验。关键的人才资源和机制依然存在，但要有正确的支持以扩大其能力。

今天，跨文化交流的意义日增并成为互利。世界上任何地方的艺术创造和伟大观念都会跨越边界而被理解和赞赏。群众性媒体的存在使这些艺术和观念得以迅速地和令人信服地传播。它们可以是创造性的、艺术性的、启蒙性的，也可能是冒犯性的、败坏性的和无意义的。当代世界文化生成许多新机会，有时也产生令人困惑的后果。

在东南亚，各种艺术都在走向繁荣昌盛。在地区内外都加强了交流——经常举办各种展览、工作会议和研讨会等活动。艺术学校迅速发展，教学标准不断提高。近年来，不少年轻学者投入到有争议甚至是政治敏感问题的研究。这些问题，包括殖民主义和殖民后的遗产、重新阐释历史和遗产、亚洲价值以及现代性、当代意义等。

目前在城市学、建筑学和艺术中存在的多向发展反映了创作自由和叛逆精神。多元化日益成为被接受的规则。卓越的准则不断地变化、发展和扩大。现在已经没有一个可到处适用的单一的标准作为有效解决方案。我们不再把自己悬吊在"主义"上——不管是现代主义、后现代主义或近现代主义。

在专业组织之外，现在有两个促进建筑和设计讨论的组织，即设计论坛（马来西亚）和亚洲建筑师协会（新加坡）。它们讨论的主题分别为东西方对话和泛亚对话。有关的出版物包括：*Asian Design Forum #7*[30] 和 *Contemporary Vernacular: Conceptions and Perceptions*[31]。理论研究也在继续。当今的研究主题有：大城市与乡村、亚洲的城市危机、生态与持久发展、当代乡土性、传统文脉与现代性等。

在经济的上下起伏中，我们可以看到一批有献身精神的青年建筑师。他们以信心和创造性进行教学、实践和设计，其作品有新加坡的兰姆住宅（1997年）和马来西亚的对话住宅（1997年）[32]等。也有些人从事创作性的写作或创办建筑刊物，如泰国的 D. 布纳格的 *art4d*。东南亚正在建立一个稳定的网络，包括一批活跃的专业人士，其宗旨是在内外促进富有意义的建筑讨论和对话。

建筑学应当超越它的使用功能。有献身精神的建筑师需要使自己超越那种仅仅会满足开发商任务书要求及企业野心的工具的角色，或更糟糕的，去满足那些投机性开发者的贪欲。建筑学应当是一项艺术，以有效地对创造一种所有人都能享受的环境品位而做出贡献。

总而言之，优秀的设计和城市更新概念是至关重要的。他们的发展当然有赖于我们的天赋、献身精神和能力。我们要能识别那些能在已有公式下轻易而又富有信心地产出设计方案的人的局限性。相反，我们还应当能识别那些费尽心思、提出问题，对现有框框提出挑战，终于拿出有新意和创造性的作品的人。公众应当能理解在实干家和艺术家、实用主义者和知识分子、主流派和徘徊在外者之间的区别。决策者也要承认此类差别。

注释

1. Iwan Sudradjat. *A Study of Indonesian Architectural History*, Department of Architecture, University of Sydney, 博士论文, 1991。

2. Brenda S. A. Yeoh, *Contesting Space: Power Relations and the Urban Built Environment in Colonial Singapore.* Kuala Lumpur, Oxford University Press, 1996.

3. *Regional Outlook: Southeast Asia 1997-1998.* Singapore, Institute of Southeast Asian Studies, 1997.

4. Gulsum Baydar Nalbantoglu. (Post)*Colonial Architectural Encounters.* 未发表, 1998。

5. Clarence Aasen. *Architecture of Siam: A Cultural History Interpretation.* Kuala Lumpur, Oxford University Press, 1998.

6. Sumet Jumsai. *NAGA Cultural Origins in Siam and the West Pacific.* Bangkok, Chalermnit Press, 1988.

7. Jane Beamish & Jane Fergusaon. *A History of Singapore Architecture.* Singapore, Graham Brash, 1985.

8. Winand Klassen. *Architecture in the Philippines.* Cebu City, University of San Carlos, 1986.

9. Brian Brace Taylor. "Inventing a Colonial Landscape, The New Central Market in Phnom Penh" in *Form, Modernism, and History.* Edited by Alexander von Hoffman. Cambridge (Massachusetts), Harvard University Graduate School of Design, 1996.

10. Iwan Sudradjat. *A Study of Indonesian Architectural History.* Department of Architecture, University of Sydney, 博士论文, 1991。

11. William S. W. Lim. "De-Styling of Architecture—From Corb to Gehry" in *Architects on Architects.* Watson-Guptill, USA 1999.

12. Tan Kok Meng, *Critical Weave: Inter-Woven Identities in the Singapore Conference Hall/ Trade Union House of 1965.* 未发表, 1998。

13. Contemporary Asian Architecture: Works of APAC Members. In Process *Architecture No. 20.* Tokyo, Process Architecture Publishing, 1980.

14. Winand Klassen. *Architecture in the Philippines.* Cebu City, University of San Carlos, 1986.

15. Soedjatmoko, "Opening Address". In UNU/ APAC Meeting on "Architectural Identity in the Cultural Context", held at United Nations University Headquarters, Tokyo, 29th-30th July 1985. Edited by Catharine Nagasima.

16. *1986-1999 William Lim Associates Exhibition Catalogue.* Melbourne, RMIT University, 1997.

17. Robert Powell. *Line, Edge & Shade: The Search for a Design Language in Tropical Asia.* Singapore, Page One Publishing, 1997.

18. Brian Brace Taylor and John Hoskin. *Sumet Jumsai.* Bangkok, The Key Publisher, 1996.

19. *1986-1999 William Lim Associates Exhibition Catalogue.* Melbourne, RMIT University, 1997.

20. Ken Yeang. *The Skyscraper-Bioclimatically Considered.* London, Academy Editions, 1996.

21. Yeoh Lee. *Energetics: Clothes & Enclosures; ADO Exhibition.* 22 May to 19 June 1998, KL. ADF Management Sdn Bhd, 1998.

22. Robert Powell. *Living Legacy: Singapore's Architectural Heritage Renewed.* Singapore, Singapore Heritage Society, 1994.

23. Singapore River, *Bu Ye Tian: A Conservation Proposal for Boat Quay,* Singapore, Bu Ye Tian Enterprises Pte Ltd, 1982.

24. William Lim Associates &

Chen Voon Fee. Central Market In *MIMAR, Architecture in Development No. 21 July/September 1986*. Singapore, Concept Medi, 1986.

25. William S. W. Lim & Tan Hock Beng. *Contemporary Vernacular: Evoking Traditions in Asian Architecture*. Singapore, Select Books, 1998.

26. William S. W. Lim. *Asian New Urbanism*. Singapore, Select Books, 1998.

27. Mishore Mahbubani. *Can Asians Think? Singapore, Times Books International,* Tommy Koh. *The Quest for World Order*. Singapore, Federal Publications, 1998.

28. "Asian Values and Democracy in Asia." *Proceedings of a Conference Held on 28 March 1997 at Hamamatsu, Shizuoka, Japan, as Part of the First Shizuoka Asia-Pacific Forum: The Future of the Asia-Pacific Region*. Tokyo, The United Nations University, 1997.

29. "Asian Values Revisited: What Would Confucius Say Now？" in *The Economist*. July 25/31, 1998, p.23.

30. *Asian Design Forum #7*. Edited by Leon van Schaik, 1996.

31. *Contemporary Vernacular: Conceptions and Perceptions*. Edited by Christopher Chew Chee Wai. Singapore, AA Asia, 1998.

32. Robert Powell. *Urban Asian House: Living in Tropical Cities*. Singapore, Select Books, 1998.

从无处到有处到更远二

本卷主编综合评论 大洋洲

J. 泰勒

大洋洲的三万多个岛屿散布在南太平洋的辽阔海域内。它们大小不等，大的有像澳大利亚那样的巨型陆块，小的只是几处环礁。从地理角度说，它们从活的珊瑚礁，到古老的平坦大陆岩群，乃至陡峭的火山露头，应有尽有。大部分的岛屿位于热带，但也有少数例外，如新西兰就整体位于南温带。由于地处飓风带和地震带上，自然灾害频繁。在多数地段，热成为建筑设计中主要考虑的气候因素。大洋洲的本土建筑一般是轻型和非永久性的，横越这块占地球大片面积的地域，

J. 泰勒

她是一位知名的建筑史学家和评论家，特别是在澳大利亚和日本建筑方面。她毕业于美国华盛顿大学，获得建筑学学士（1967）和硕士（1969）学位。从 1970 年起至 1998 年在澳大利亚悉尼执教，现在昆士兰科技大学。她热衷于教育和写作，于 1998 年被澳大利亚皇家建筑师学会授予 M. 马霍妮奖。她虽出生于澳大利亚，但长期在欧、亚、美洲的许多学校任教。她在 1975 年和 1994 年至 1995 年曾获得日本基金会奖。

她已出版的著作有：

* *An Australian Identity: Houses for Sydney 1953-1963*;

* *John Andrews Architecture, a Performing Art* (with John Andrews); "*Ken Woolley: Appropriate Architecture*"

* *Australian Architecture since 1960*;

* "*Oceania: Australia, New Zealand, Papua New Guinea and the Smaller Islands of the South Pacific*", Banister Fletcher, *A History of Architecture*.

正在编写的有 *Tall Buildings in Australian Cities* 和 *Fumihiko Maki*。

但在不同程度上，这些原来以木和其他植物类材料为主的传统建筑，现在已被砌体、混凝土和钢所替代。[1]

除了澳大利亚和新西兰，在其他南太平洋国家和地区的居住人口少于700万人，而其中400万以上在巴布亚新几内亚。尽管这部分的大洋洲的人口仅占全球人口的0.1%，其语种数量却是世界语言数的三分之一，说明这里有着非常大的文化差异。整个大洋洲的土著居民种族殊异，包括了澳大利亚土著族群、新西兰毛利人、密克罗尼西亚人、美拉尼西亚人和波利尼西亚人等。历史上的群居点既包括这些土著的，也包括历史仅200年左右的欧洲移民以及更在其后来自东亚和印度的流入人口的群居点。

这些大小岛屿都共有一段来自欧洲文明的殖民化历史，以致目前在许多岛屿上的主导文化仍显示了强烈的欧洲影响。这种历史在很大程度上决定了在建筑实践中传统习惯走向衰落和欧美新方法与风格取得统治地位。有的国家，如澳大利亚、巴布亚新几内亚和萨摩亚等在20世纪中取得了独立，而有的，如美属萨摩亚至今仍处于殖民地地位。本地区的两大特点是人口增长率高、城市化日益发展（然而在一些小岛上四分之三的居民仍住在农村）。上述特点与资源贫乏（澳大利亚、新西兰和美拉尼西亚中的一些大岛除外）的综合作用，使许多南太平洋国家经济孱弱，从而造成了整个地区中建筑发展的巨大差别。

对多数地域来说，从19世纪到20世纪的转移在南太平洋并未引起波澜。澳大利亚和新西兰的士兵到欧洲和中东去打仗，但第一次世界大战并没有在本土的建筑领域造成多少影响。一般态度趋于保守，从欧洲传来的建筑传统和风格仍然占有优势地位。对这一地区的主要输入是在第二次世界大战期间，例如在巴布亚新几内亚和所罗门群岛上兴建了机场和军事基地，其特征是美国式的预制建筑，就像某些岛上为美国大兵建造的活动房屋。到了20世纪下半叶，旅游业又为这些小岛带来了解释性建筑，更晚近的情况是，某些外来投资又硬塞进了各种格格不入的建造物，如在瓦努阿图所做的那样。近年来，在南太平洋欠发达地区出现的独立意识上升和民族主义增强，促进了对传统建筑的研究，以寻求认同性和与本地环境更为适应的设计，抵御北方温带的输入品。在这些地域，只是在近年才有认真探讨在文化和气候上都适宜的现代建筑的努力。在较发达的地区，如澳大利亚和新西兰，其趋势则是发展出一种适应地方条件的更为成熟的建筑学。

20世纪初期

在20世纪前半叶，住在小岛上的本土人民的村落能相对独立于殖民势力以欧洲为渊源的集居点。南太平洋的殖民建筑没有什么特色，与世界各地的殖民主义建筑相似。但也有些糅合二者的有意义的教堂建筑出现，例如位于库克岛的英国传教士建造的珊瑚教堂，又如阿瓦拉教堂，还有建于20世纪的雕塑式的拉塔纳教堂——由毛利人在新西兰北岛拉埃梯希建造（图1）。[2]

澳大利亚的独立使民族主义情绪高涨，首先表现在粉刷上的一些装饰标志，如桉树叶、树袋熊等。在20世纪初本地区最有创造性的建筑风格是澳大利亚家居设

1 拉塔纳教堂
北岛拉埃梯希，新西兰，年代不明
当地毛利人土著建造

2 安扎克战争纪念堂
悉尼，澳大利亚，1934 年
设计：B. 德立特
由 V. 德立特提供

计中的联邦风格。[3]这是一种陡坡屋顶、带外廊的风格，配上带装饰的上漆木皮板和栏杆。它与英国安妮女王时期的浪漫主义风格有某种联系。在新西兰，建筑仍然追随英国先例。1912年开始建造的位于惠灵顿的议会大厦是由 J. 坎普贝尔设计的古典建筑；而在家居、商业和公共建筑中，采用的是普遍地属于一种简化了的古典主义。然而，浪漫主义学派也很活跃，特别是在一些画意很浓的居住建筑中，他们显然追随着工艺美术运动的形式传统和对技艺的重视，特别是受 E. 勒廷斯的影响。此外，新西兰在19世纪末期的建筑还显示出相当程度的来自美国西海岸居住建筑的影响，并延续到20世纪。[4]

在澳大利亚和新西兰，美国建筑的影响在20世纪20年代体现在郊区新建居住型建筑中的阴暗并多遮蔽的别墅平房（奔加罗）风格。在澳大利亚，奔加罗与由 W. H. 威尔逊牵头的新殖民主义复兴相结合，他们既欣赏澳大利亚在18世纪末和19世纪初的乔治王朝风格，又企图将他们从中国建筑中所学到的加以调和，这样就成为澳大利亚向亚洲邻邦学习的首例。[5]与新殖民风格相对立的是 L. 威金森的作品，他是澳大利亚首位建筑学教授（悉尼大学），他认为对澳大利亚的气候来说，应当学习的先例是地中海建筑，并且用瓦屋面、阳台和庭院的精致渲染示意。更大众化的风格是由西班牙传教团开发的房屋。但由于过于华丽，在新西兰不甚受欢迎。

装饰艺术在澳大利亚和新西兰都留下了烙印，通常是在一些大众建筑，如牛奶吧和电影院中；但是，也出现在一些重要作品中，如1934年在悉尼建造的安扎克战争纪念堂（B. 德立特设计，图2）。新西兰则是在1924年

于达尼丁举办的丰富多彩的新西兰和南海展览会中接受
了一次装饰艺术和现代主义的洗礼。[6] 作为新办公楼建筑
先例的美国式现代派办公楼与在转换时期仍受青睐的新
古典主义的建筑并肩共存。1936 年建成的悉尼城市互助
人寿保险大厦（E. 桑德斯登设计，图 3）强有力的带退
台式的体量、宏伟的边角入口、漂亮的金属浮雕图案等，
在澳大利亚是此类建筑中的佼佼者。同时，G. 杨与澳大
利亚轩尼诗及其所属的轩尼诗事务所在 1934 年于惠灵顿
设计了轮廓强有力的普鲁登斯大厦。W. H. 古默尔与福特
事务所设计的惠灵顿的国家保险大厦（1938—1942 年）是
一座带踏级式立面和屋顶侧面的漂亮建筑，它富有信心地
占据了惠灵顿商业区的一个边角，[7] 标志着 30 年代风格的
成熟，并且以其平坦的立面和金属框的窗口方式等芝加哥
学派的手法，使它成为即将涌现的现代主义的先驱。

3 城市互助人寿保险大厦
悉尼，澳大利亚，1936 年
设计：E.桑德斯登
由 B. 弗莱彻提供

　　当 W. B. 格里芬在赢得 1912 年为澳大利亚新首都堪
培拉举行的规划竞赛[8]后，他与夫人 M. 马霍妮从芝加哥
搬到澳大利亚，同时也带来了（美国的）草原风格。但
是在澳大利亚，格里芬夫妇被视为怪僻人物而很少有人
接受他们的观点。后来他们迁居印度，在澳大利亚留下
了堪培拉规划的基础，一批有新意的住宅区规划设计，
以及教育商业建筑的设计，包括墨尔本的州剧院（1924
年，图 4）。和在美国一样，电影院，包括格里芬的这个
设计，还有奥克兰的市民剧院（波林格、泰勒与约翰逊
事务所设计）以及悉尼 1929 年的州剧院（H. E. 怀特设
计）等，都喜欢有一种折中的、逃离现实的幻想气氛，
给城镇添加了新的标志。

　　尽管像《建筑评论》这样的刊物流行很广，加上日

4 州剧院
墨尔本，澳大利亚，1924 年
设计：W. B. 格里芬与 M. 马霍妮
摄影：W. 西弗斯

益增多的青年建筑师去英国深造，20世纪二三十年代的欧洲功能主义建筑却未被理解或即时接受。在当地刊物中，现代建筑的探讨更多的是在其形式方面而不是在形式后面的理论。人们排斥那些拉紧表面、向高拔起的框架，而倾向于那些稳坐于大地之上的建筑。这部分的是由于对W.杜多克的作品的爱好，可见于1934年墨尔本的麦克费尔逊罗勃逊女子中学（希布鲁克与费尔德斯事务所设计），和W. H.古默尔在新西兰的一些建筑。在欧洲社会住房和批量生产的影响下，新西兰的工党政府在1936年设立了住房建造局。由F. G.威尔逊为总建筑师的住房建造局于1940年在惠灵顿建造的伯翰坡国家公寓提供了以欧洲为样板的群体住宅的范例。[9]尽管它的构造显然取材于欧洲的样板，却仍然在其体量和砖砌筑的细部上保留了重量感。其后，在1943年建造的迪克森街公寓中采用了水平窗和露天阳台。它还是新西兰第一栋高层公寓建筑。到20世纪50年代才出现了一种自信的、垂直性的轻型建筑，即1960年建成的旺阿努依战争纪念堂（纽曼、史密斯与格林豪事务所设计）。在澳大利亚，门德森的水平流线型建筑和阿尔托的帕依米奥疗养院都在20世纪三四十年代为一系列由史蒂文森与透纳事务所设计的有双向阳台的医院提供了样板。1946年在惠灵顿设立的建筑学中心对现代建筑和理论的推广做出了重要贡献。它通过刊物、竞赛、项目设计推动了现代建筑。与此相似，1949年在奥克兰成立了群体建筑师事务所，其宗旨是生产适合当地条件的功能住房。第二次世界大战后的萧条减少了澳大利亚、新西兰的建筑活动，直到20世纪50年代才恢复。

20世纪后叶

从欧洲移民来的建筑师进一步向大洋洲带来了关于现代建筑的知识，例如：由 F. 隆堡设计的在墨尔本的流线型的斯坦希尔公寓（它设计于1942年，但直至1950年才建成）以及由 E. 普里希克（普里希克与费尔什事务所）设计的在惠灵顿的玻璃幕墙的梅西大厦（设计于1948年，但建成于1957年，图5）。[10]隆堡出生于德国，在瑞士有很成功的实践。他在1938年来到澳大利亚。普里希克是奥地利人，曾为 P. 贝仑斯工作过，并以其在现代建筑中的素养而知名。他在1939年来到新西兰。在20世纪40年代中，H. 赛德勒来悉尼探亲然后决定定居于此。他出生于奥地利，在欧洲受教育，又在哈佛大学格罗皮乌斯手下进修。[11]他于1949年设计的罗斯·赛德勒住宅和随后设计的悉尼其他住宅向一个保守的地区输入了不折不扣的国际风格。尽管他的设计得到广泛的欣赏，其他一些澳大利亚出生的知名建筑师，如悉尼的 S. 安契尔和墨尔本的 R. 博依德等，依然在设计中保留了一定程度的地方风味。在他们的设计中还可明显地看到日本传统的设计影响。

在20世纪五六十年代，澳大利亚出现了经济繁荣，为争取国际地位和在现代办公楼中体现威望，悉尼和墨尔本的规模甚小的城市景观被模仿美国高楼大厦的玻璃幕墙所替代。由贝茨、司马特与麦卡琴事务所设计的轻质结构在当时也是技术上很先进的。特别是他们为 MLC 大厦设计的一系列玻璃幕墙（图6），在50年代后半期纷纷出现在主要城市。这种全玻璃的建筑很快就被证明不

5 梅西大厦
惠灵顿，新西兰，1948—1957
设计：E. 普里希克（普里希克与
费尔什事务所）
摄影：G. H. 伯特
提供：新西兰惠灵顿 A. 透恩布尔
图书馆 G. H. 伯特收藏室

6 MLC 大厦
珀斯，澳大利亚，1957年
设计：贝茨、司马特与麦卡琴事
务所（提供）
摄影：R. H. 阿姆斯特朗公司

适合澳大利亚的阳光和温度变化，所以到60年代就出现了放弃轻质的钢与玻璃而转向混凝土结构的趋势。采用遮阳设施，特别是预制混凝土板，戏剧性地改变了城市塔楼的面貌。H. 赛德勒1967年在悉尼设计的澳大利亚广场，由于其工程方案的合理（P. 奈维为咨询师）以及他把许多城市场址组合为一个宽阔的公共广场而受到称赞。

20世纪五六十年代国家的繁荣还反映在主要城市中建造的文化中心。1955年举行的悉尼歌剧院设计竞赛中，伍重的优胜方案通过其标志性的形象、设计素质以及它所建立的与城市和海湾的精彩关系，和它对建筑业所提出的挑战都使它在澳大利亚建筑创作中建立了新的标准和期望。[12]墨尔本举办的奥运会也促进了城市的建筑业，留下了像奥林匹克游泳馆（1956年由 J. 墨菲、P. 墨菲、波尔兰与麦金泰尔设计）这样的遗产。

尽管有许多方面的人士对在住房和城市建筑中搬用北半球模式给予肯定，但也有另外方面的人士对地区理性和美学的失落表示哀叹。在20世纪50年代，B. 里卡德和P. 穆勒等建筑师在悉尼引入了受 F. L. 赖特以及传统日本建筑启示的土生土长的有机建筑，后者被视为比欧洲理性主义先例更适宜于澳大利亚生活方式。这种浪漫主义运动伴随着对澳大利亚迷人景观的新的认识，使建筑与当地环境结合得更巧妙。在60年代，主要通过与伦敦市委员会的共事，又引进了粗野主义。英国的粗野主义和阿尔托建筑的吸引力对反映场所的建筑添加了维度。和在澳大利亚一样，50年代从英国回到新西兰的建筑师也引入了新的观念，其中包括对粗野主义的理解，如在伦敦郡委员会工作过的 M. 沃伦与 P. 贝万都在克赖斯特彻奇开业，他们以地区条件调整了粗野主义。

在20世纪60年代的悉尼地区，特别是在家居建筑中，出现了一种与起伏地形相结合的用砖的土生土长的建筑。[13]这种悉尼学派的作品在以后的20年内继续成为澳大利亚的一个主要影响力。由P. 柯克斯和I. 麦凯设计的在托卡的C. B. 亚历山大农业学院（1963—1964年）提供了悉尼学派语言在机制结构中应用的早期例子。柯克斯对建筑和景观互补互助的关注在1974年被进一步发展到堪培拉的国家体育场的钢结构中。在这里，土堤与最少量的桅杆结构的混合产生了相当优雅的效果。[14]悉尼为2000年奥运会建造的许多重要建筑都是这种有澳大利亚代表性的轻质大跨结构，而柯克斯的一些庆祝性的体育和展览建筑继续把清晰的结构逻辑和形式的浪漫性巧妙结合。J. 安德鲁斯设计的在欧哥拉的安德鲁斯住宅（1980年，图7）以其植根于过去和土地的形象反映了在澳大利亚对真实的地域文化的广泛关注而一直延续到20世纪80年代。[15]

20世纪70年代对在建筑中反映澳大利亚景观的关注还见之于由达里尔·杰克逊和K. 波尔兰等建筑师在墨尔本以南的菲利普港所设计的建筑。[16]这是一些无声无息的复杂的木建筑，用坡屋顶和有层次的格子墙，后者是从美国西海岸的海边农场中得到启发的。正如悉尼学派与地域的粗壮质感和烧土色彩追求统一那样，墨尔本人则是选择与茶树和沙丘相结合。

昆士兰也见证了对与热带和亚热带气候相适宜的建筑学的重新关注。J. 毕雷尔为昆士兰大学设计的创造性的建筑与悉尼学派有一定的亲属性。同时，R. 吉布逊和J. 道尔顿等建筑师设计了被动式冷却部件，如宽敞的廊

7 安德鲁斯住宅
欧哥拉，新南威尔士州，澳大利亚，1980 年
设计：J. 安德鲁斯国际设计公司（提供）
摄影：D. 莫尔

8 昆士兰美术馆
布里斯班，澳大利亚，1982 年
设计：R. 吉布逊（提供）

9 G. 普尔住宅
杜南，昆士兰，澳大利亚，1986 年
设计：G. 普尔
摄影：J. 泰勒（提供）

道、屋顶排风、风道和庭院等。吉布逊的昆士兰美术馆（图8）是一个特别细致周到的设计，运用了宽敞的展室及前厅，又配上生动的水池和喷泉。G. 普尔的最简洁化的住宅，其中最有代表性的是他1997年在杜南建造的私宅（图9）以及早些时候为阳光海岸设计的"帐篷"住宅。昆士兰的建筑师，如毕雷尔、霍尔和R. 艾迪生等都在巴布亚新几内亚工作过，对结合当地条件和生活方式发展一种完好而又有表现力的建筑做出了贡献。[17]R. 霍尔的建筑，如布里斯班1985年的威尔斯顿住宅，特别值得注意的是艾迪生设计的、1982年建成的在戈罗卡的朗朗剧院。这是个草顶的木柱结构，创造了一种植根于地方实践的当代建筑。在达尔文，由特罗泊建筑师事务所设计的受地域文化启示的激进结构强烈地反映了热带条件。一般地说，澳大利亚建筑，特别是北方的，其特征是对土地和气候的反应，它很自然地被延伸为对生态的考虑。

新西兰在这一时期杰出的作品有由毛利族建筑师J. 司各特在惠灵顿设计的肖像性的富图那礼拜堂（1961年），以及萌生的对"小家庭"住宅设计的兴趣，显然受到洛杉矶案例研究住宅的启示。[18]在20世纪七八十年代，惠灵顿又一次成为建筑尝试的中心，有一批青年建筑师，由I. 阿什菲尔德、R. 瓦克牵头，产生了一种惊人的用创造性规划手法和严格体量处理的碎裂建筑。瓦克的布里顿住宅（1974年，图10）是在这种建筑中常见的生动和有想象力的形式处理的范例。

在20世纪六七十年代，澳大利亚的建筑理论主要关怀的是国际和地域期望与影响的平衡，以及它们在建筑表达中的再现。由于澳大利亚的景观是这个国家最突出的特征，那些寻求地域性表现的人把精力主要放在农村建筑上，并且主要是住宅，而忽视了城市的合宜设计。在 R. 文丘里关于普遍性的理论和反对"灌木神话"建筑的观点影响下，很多墨尔本的建筑师转向郊区作为体现澳大利亚活力的真实代表。特别值得注意的是 P. 柯立根，他的态度和美学引导人们去关注以日常生活为文脉设计郊区居住者的住房、教堂和学校。[19]典型的是吉斯布罗的复活教堂（1976年，图11）。

10 布里顿住宅
　　惠灵顿，新西兰，1974年
　　设计：R. 瓦克（提供）
　　摄影：G. 卓别林

20世纪70年代在联邦工党的指导下，城市也受到新的注意。政府在内城和近郊的投资用于某些恢复或振兴，如悉尼的格李布和伍鲁穆鲁，使位于中心地段的住房也能供低收入阶层使用。此外，内城和近郊的方便性也日益被有钱的阶层所体会，这样就使一些原来已被遗弃的郊区，特别是建造联排房屋的地段又重新活跃起来，如墨尔本的卡尔顿与悉尼的帕丁顿。[20]在新西兰，同样的过程随后也在一些内城的工人区发生，如奥克兰的庞孙比区。70年代还滋长了对旧城保护的意识，先在澳大利亚，后在新西兰，但可惜的是有些内城的历史建筑已被破坏。

紧接"二战"后的年代，拆建成了澳大利亚城市中央商务区和购物区的基本特征。汽车、高楼和它的"广场"改变了城市模式。人行已被遗忘。20世纪70年代出现了意识的转变，而这种转变很多是从基层开始的。此后的政策都更为开明，使城市增加服务和令人愉悦的设施。此外，素质和觉悟的提高，以及战后的移民政策把澳大利亚从一个狭隘的盎格鲁-撒克逊文化转变为一个全球性的多种族社会，使城市生活节奏发生了革命，继而改变了城市环境特征。然而，在多数情况下，

11 复活教堂
　　吉斯布罗，维多利亚州，澳大利亚，1976年
　　设计：艾德蒙与柯立根事务所
　　摄影：J. 哥林斯
　　取自：J. 泰勒 *Australian Architecture since 1960*

建筑单体仍然承载着那种单一的国际印章。只有少数例外，如 J. 安德鲁斯在悉尼的美国运通银行大厦（1976年，图12），它运用动态的遮阳来适应阳光，而且由于其位置恰好在悉尼的最热闹地段，它通过后退和其他一些措施（如为等候公共汽车的人配置座位等）表示了对公众的良好愿望。丹顿、考克与马歇尔事务所的一对漂亮的塔楼——菲利普总督大厦与麦夸里总督大厦（1994年）——为悉尼建立了新的标志，而在形式与材料应用方面又体现了成熟的克制，也添加了城市方格形天际线的戏剧性。[21]R. 皮亚诺的折叠包扎式的麦夸里街大厦也注定要参与悉尼的天际线轮廓。[22]

　　澳大利亚首都堪培拉是20世纪下半叶澳大利亚建筑的一幅缩影，因为主要的建筑师在这里都有作品。格里芬的设计继续为发展提供了框架性的蓝图，它的几何学在由米契尔/乔哥拉与索尔普事务所对国会大厦的规划（1981—1988年）上得到加强。这座大厦位于国会山的轴心，是格里芬径向规划的交点。它的构思是个民主的形象，把建筑伸入山脚，用草坡越过其顶，成为格里芬规划中斜向大道观念的延伸，象征性地伸向全国。

　　近20年内，澳大利亚城市的中心地段经历了很大的变化，特别是转向处理原来被忽视的河海滨。为公私用途重新开发了被废弃的地带。布里斯班的南岸从20世纪70年代开始重建，而赛德勒的河边中心（1983—1986年）展示了在蜿蜒的布里斯班河岸的城市中心地段的开发潜力。类似的开发在墨尔本的亚拉河畔进行，其南岸的办公楼、住宅、饭店和赌场与西部的由丹顿、考克与马歇尔事务所1996年设计的冷静而优雅的展览中心取得平衡。[23]

12 美国运通银行大厦
悉尼，澳大利亚，1976 年
设计：J. 安德鲁斯国际设计公司（提供）
摄影：D. 莫尔

新西兰的城市中，惠灵顿已经转向自己的水面空间，向城市提供了引人入胜的公共空间。抗震的规定在20世纪80年代导致惠灵顿中心城区拆除了250栋房屋，其结果产出了戏剧性的新建筑。作为海滨景观再生的一部分，由贾斯马克斯事务所设计的特帕帕童嘉莱瓦，即新西兰博物馆（1998年，图13）位于海湾城市用地的西端。从规模和形式看它都是一栋统领性的建筑，包括一系列精心设计的渐变空间，终结于俯览海湾的毛利"马赖"高地。惠灵顿市民广场紧靠着I.阿什菲尔德设计的引人注目的惠灵顿图书馆（1992年）。这座图书馆以其尼考棕榈树式的柱廊在中心城市提供了新的标记并生成了新的活动。随后的帕默顿北公共图书馆（1996年）更与其周围紧密结合，通过其视觉情趣和用户活动使城镇本来衰落的部分又重新取得了活力。

13 特帕帕童嘉莱瓦博物馆（模型）
惠灵顿，新西兰，1998年
设计：贾斯马克斯事务所（提供）
摄影：G.许翰

澳大利亚土著和新西兰毛利族的久被忽视的文化在20世纪80年代取得了早就应有的承认。在新西兰，毛利的建筑传统和装饰艺术明显地影响了一些近代的建筑，如新西兰国家博物馆和毛利建筑师R.汤姆逊在奥克兰UNITEC理工学院校园内的毛利文化研究中心（1995年，图14）。然而，土著文化尽管日益受到重视，在建筑中仍不够明显。土著作品的博物馆和画廊，如G.布尔吉斯的布兰姆勃克生活文化中心（1990年，霍尔斯伽普）在线条和材料方面都试图体现土著精神和工艺。G.穆尔考特的轻型展览建筑也取材于澳大利亚土著的建筑观念。它尤其特殊地表现在他为一位居住在北方领土的依尔卡拉社区中的土著业主设计的马立卡阿德顿住宅（1994年）中。两者都直接地，并通过建筑师的创作，体现了对传

14 普肯伽毛利文化研究中心
奥克兰，新西兰，1995年
设计：R.汤姆逊
摄影：D.伯古诺维奇（提供）

统土著生活方式和建筑实践对澳大利亚建筑影响的理解。

一般说来，尽管全球文化正在离开对地区特色特点的关注，然而南太平洋的新独立的民族却在寻求表现其认同性的象征形式和标记。斐济、巴布亚新几内亚、瓦努阿图和萨摩亚的新国会大厦都以传统建筑形式为起点，如巴布亚新几内亚的"塔姆巴兰屋"和"巴兰屋"，斐济的"布勒卡罗"等。R. 皮亚诺设计的努美阿的让－马利·特吉巴欧文化中心（1998年，图15）是由密特朗委托设计的，意在建立一种联系卡尔纳克文明与法国的继续存在之间的政治平衡。[24]它为结合全球性/地域性价值、形式和建筑技术提供了技术先进的答案。按照传统，三个"村庄"用一条长的走道连接。矮的房屋位于走道的礁湖一侧，而高的锥形板则背向礁滩，并且用其双面进行通风。它们用的是胶合层木结构，外面包以来自非洲、在法国加工的伊洛卡木。因此一般说来，近代人已日益认识到大洋洲当地的建筑和艺术品位，并由此出现对全球性和地方性相结合的一种敏感性，即使在多数投资者及建筑师都是外国人的情况下也是如此。

在大洋洲这样分散的地块上，20世纪的建筑学覆盖了从最谦逊的民居式小屋到悉尼歌剧院这样的广阔范围。大一些的国家，如澳大利亚、新西兰、巴布亚新几内亚等包罗了本地区最多的人口，因而也建造了最多的房屋。它们由于人口中主要是欧洲的后裔，所以和主要由本土人居住的地带有不同的特点。然而，不同的文化、资源和经济发展阶段产生了多样化的建筑，在大洋洲的岛国之间仍然可以察觉到一种共同的殖民与后殖民时期思想与实践的痕迹。

15 让－马利·特吉巴欧文化中心
努美阿，新喀里多尼亚，1998年
设计: R.皮亚诺建筑工作室(提供)
摄影: J.哥林斯

注释

1. 太平洋岛屿上的建筑信息较难取得。南太平洋委员会是取得一般意见和统计资料的一个来源，例如该委员会编辑的 *Pacific Islands Social and Human Development*（Nouméa, 1995）。

2. 奥克兰的 UNITEC 理工学院的 D. 布朗对毛利建筑做过重要研究。在她未发表的 "Morehu Architecture" 论文中讨论过拉塔纳教堂。

3. Trevor Howells and Michael Nicholson, *Towards the Dawn: Federation Heritage in Australia, 1890-1915*（Hale and Iremonger, Sydney, 1989）。

4. 见 W. 图马思富有趣味的论文："New World Origins", *Architecture New Zealand*（March/April, 1997, pp.21-24）。

5. W. H. 威尔逊就早期澳大利亚建筑写过几本书，包括 *Old Colonial Architecture in New South Wales and Tasmania*（Union House, Sydney, 1924）。

6. G. 鲍伦在 "A Brilliant Spectacle", *Zeal and Crusade; Modern Architecture in Wellington*（J. 威尔逊编，The Waihora Press, Wellington, 1996, p. 39）中讨论过。

7. B. 佩特里在 "A Break with Tradition", *Zeal and Crusade; Modern Architecture in Wellington*, pp. 47-52 中评论了该建筑。

8. D. L. 约翰逊在 *The Architecture of Walter Burley Griffin*（Macmillan, South Melbourne, 1977）中讨论了格里芬的作品。R. 佩格勒姆在 *The Bush Capital*（Hale and Iremonger, Sydney, 1983）一书中介绍了堪培拉的规划和开发过程。

9. 关于 20 世纪三四十年代惠灵顿公共住房的讨论，见 J. 嘉特丽 "For Modern Living", *Zeal and Crusade; Modern Architecture in Wellington*, pp. 53-60。

10. L. 泰勒在 "Modernity Arrives", *Zeal and Crusade; Modern Architecture in Wellington*, pp.103-109 一文中写到梅西大厦。

11. 关于赛德勒的建筑有好几本书。涉及其早期建筑的见 *Houses, Buildings and Projects, 1955-1963*（Horwitz, Sydney, 1963）。

12. 讨论悉尼歌剧院的出版物甚多。最近出版的有 P. 德鲁 *Sydney Opera House: Jorn Utzon*（Phaidon Press, London, 1995）。

13. Jennifer Taylor, "An Australian Identity: Houses for Sydney 1953-1963", *Department of Architecture*, University of Sydney, Sydney, 1984（First edition 1972）.

14. 关于 P. 柯克斯的建筑，见 *Cox Architects: Selected and Current Works*（2nd edition, Images Publishing and Craftsman House, Mulgrave, Victoria, 1997）一书。

15. J. 安德鲁斯在 20 世纪 80 年代前的事业见 *John Andrews: Architecture, a Performing Art*（Oxford University Press, Melbourne, 1982）一书。

16. 关于杰克逊的信息，见 *Daryl Jackson: Selected and Current Works*（Images Publishing, Mulgrave, Victoria, 1966）。

17. *Australian Architects: Rex Addison, Lindsay Clare & Russell Hall*, RAIA Education Division, Manuka, ACT, 1990.

18. 关于富图那礼拜堂，见 R. 沃尔登 *Voices of Silence: New Zealand's Chapel of Futuna*（Victoria University Press, Melbourne, New York, 1993）一书。

19. Conrad Hamann, Cities of Hope: Australian Architecture and Design by Edmond and Corrigan 1962-1992, Oxford University Press, Melbourne, New York, 1993.

20. 悉尼的故事见 G. P. 韦伯 *The Design of Sydney: Three Decades of Change*

in the City Centre（The Law Book Company, Sydney, 1998）一书。

21. 该公司的早期作品见 *Australian Architects: Denton Corker Marshall*（RAIA Education Division, Manuka, ACT, 1987）一书。

22. See Lawrence Nield, "Macquarie Street, Sydney: Matter and Form: Renzo Piano's New Sydney Tower", *Content 3 1997*, pp. 50-61.

23. Denton Corker Marshall, Exhibition Centre, Melbourne, *UME 2 1996*, pp. 18-27.

24. 关于本项目的最近报道，见 an interview with Piano, Renzo Piano Building Workshop, *Architecture and Urbanism*, December 1996, pp. 92-103。

东南亚

评选过程

评论员简介与评语
曾文辉
何刚发
S. 朱姆赛依 /D. 布纳格
F. B. 马诺萨
Y. 萨利雅
B. B. 泰勒

大洋洲

评论员简介与评语
P. J. 哥德
A. 梅特卡夫
R. 米拉尼
N. 廓里
R. 沃尔登 /J. 嘉特丽

东南亚

评选过程

最初聘请了五位评论员，即印度尼西亚的 Y. 萨利雅，新加坡的何刚发，马来西亚的曾文辉，泰国的 S. 朱姆赛依和菲律宾的 F. B. 马诺萨。后来，又增加了 B. B. 泰勒以补充有关本地区的知识。

张钦楠和我同意于 1997 年元月在新加坡召开一次评论员会议，对评选进行讨论。在发展过程中，同意请泰国的 D. 布纳格和菲律宾的 D. 李超为共同评论员。

本卷主编和评论员遵守以下规则：（1）每位评论员对每段时期推荐不超过五项本国项目和不超过五项其他东南亚国家项目；（2）所有推荐项目挂在墙上进行评议，有的项目被一致通过；（3）所有项目再进行一次邮寄投票；（4）本卷主编只有在出现平局时才有投票权。

评论员不久就发现在第一阶段和第三阶段（1900 年至 1920 年和 1940 年至 1960 年），本地区许多国家处于战争（包括反殖民战争）和战后恢复状态，建设活动极少。于是大家同意在每个阶段的项目选择中可有一定的灵活性。对评论员来说，对缅甸、老挝、柬埔寨和越南情况不熟悉，这方面就依靠 B. B. 泰勒了。

可惜的是，并非所有被选项目均能入选。如泰国的山森（译音）火车站和菲律宾的圣胡安医院就由于前者被拆除和后者找不到资料而被放弃，代之以曼谷的英国文化协会和泰勒推荐的金边的西哈努克城。

由于本地区的文献资料缺乏，评论员要取得早期项目的有关图纸、照片等特别困难。如果时间和设施允许，有的图纸和照片的质量或许可更好一些。在此，我特别要提到我对印度尼西亚评论员的钦佩，他在非常困难的环境下为我们收集到了必要的图纸、照片资料。总的说来，被选的49个项目为20世纪东南亚建筑提供了较好的一个剖视。

林少伟

1999年3月

评论员简介与评语

曾文辉（Chen Voon Fee）

曾文辉致力于建筑理论研究、著作、编撰，文物保护的规划与发展。他于20世纪60年代至70年代从事私人设计实践，1982年后从事个人咨询。他的设计作品包括新加坡会议厅/工会大楼（1965年）、国家清真寺（1963—1967年）、霹雳州体育俱乐部（1965—1968年）、马来亚大学地质馆（1966—1968年）和美术馆扩建（1969—1971年）以及疑似马来西亚理科大学，地点是槟城（Penang）的报告厅（1972—1978年）等。

他与同僚共同组创了马来西亚文化遗产保护基金会（1982年），在1995年以前为理事及副主席。他在1995年因瓜拉江沙的竹屋保护获马来西亚建筑师学会评委奖。他的其他保护项目包括：吉隆坡中央商场与中央广场（与W.林事务所合作）、国家美术馆创作中心（1987—1998年）和益格鲁—东方大厦改为马霍它学院（1986—1988年），以上均获奖。他在90年代是马来西亚国家博物馆和雪兰莪博物馆的建筑顾问。

他是《马来西亚百科全书·建筑篇》的编辑，《吉隆坡素描集》作者（与马来西亚画家陈干逸合作）。

1971年至1972年，他在英国斯特拉斯克莱德大学建筑与建筑科学系（四年级）教学，20世纪70年代至80年代在马来西亚科技大学建造环境系担任校外巡视员。

评语

评选项目应为：

1.木建筑和富有传统手工工艺的乡土建筑；

2.从东西方引进的建筑风格但又根据当地气候、材料和建造工艺进行创造性重新阐释者；

3.从国际风格转向当代显示创新、适应地方条件而又表现本国历史和发展的不同阶段的现代风格。

4.推荐的项目的重要性在于它们表现了本国的传统、文化多样性、民族性和现代理想。

何刚发（Richard K. F. Ho）

1956年出生，1981年以优秀成绩毕业于新加坡大学。以后在W.林事务所和K.希尔事务所工作，1985年去奥地利与H.希默克合作，1989年去米兰在A.罗西事务所工作。1991年11月回新加坡，自行开业，1995年获新加坡建筑师学会（SIA）奖。

在设计实践之外，他还是新加坡国立大学硕士生的高级讲师。他在1997年11月被维也纳分离派博物馆邀请参加题为"城市在运动中"的展览，在法国波尔图和美国纽约展出。

S.朱姆赛依（Sumet Jumasai）

朱姆赛依博士就学于英国剑桥大学，随后在该校建筑系短期教学。他的作品出现在许多国际刊物和展览会上，包括1996年威尼斯双年展。他最知名的作品是曼谷的机器人大厦（1986年），被美国洛杉矶当代美术馆评为20世纪50项种子建筑之一，被收纳在该馆1998年开始的题为"世纪末"的全球巡回展览中，并被列入该馆的永久展品。

他还是一位画家、社会工作者、文物保护者和作家。他最知名的书是*NAGA*（1988年牛津大学出版社），内容是有关亚洲及太平洋地区文化的起源。

D.布纳格（Duangrit Bunnag）

1989年在曼谷朱拉隆功大学建筑系以优秀成绩毕业后，他又在美国南加州大学建筑系和英国的建筑联盟学院进修。1989年起在 ARCHITECTS 49 有限公司工作，1995年至1996年成为其高级建筑师和助理副理事。他现在是布纳格事务所合伙人，*Art4d*杂志的编辑。

他曾从事许多项目的设计和项目管理，并与国外建筑师合作设计。他在暹罗建筑师学会（ASA）中获"下一代曼谷实验设计"二等奖。

他在朱拉隆功大学担任论文指导员和设计评论员，在其他大学作过学术报告。

评语

评选有点像为建筑学选择诺亚方舟的材种。这项工作要求有对保存和保护持有逻辑观念，而不是凭个人喜好。需要选择的是对各历史时期的演变发生重要影响的最佳代表作品。这些作品代表了自己的类型，综合起来，成为驶向永恒的最大方舟。

有的项目从建筑学角度看不一定是最佳作品，但是它在本地区所引起的争论使地区建筑创作发展到一个新的阶段。有的项目在当时不受注意，但奇怪的在后来却被几代建筑师视为珍品，其中有的被建筑界和学术界广泛承认属其类型中的出类拔萃者。这一系列的评选准则使提名和选择范围广阔，从而影响今后新生代。

F. B. 马诺萨（Francisco Bobby Manosa）

出生于1931年，1953年在马尼拉的圣·托马斯大学取得建筑学学士学位。他在1982年被《亚洲周刊》评为亚洲七名最有想象力的建筑师之一。他在菲律宾发展本国建筑特色中是一名先驱者，并在自己的实践中始终不渝地予以贯彻。他的知名作品包括菲律宾的椰宫（Tahanan Philipino）和与他兄弟共同设计的圣米盖尔大楼。

他是菲律宾建筑师学会的名誉资深会员，菲律宾建筑师联合会的资深会员。在1994年，被菲律宾监管委员会评为本年度最杰出的职业人士；在1989年获得菲律宾建筑师联合会金奖；1982年被梵蒂冈教皇保罗二世授勋为圣格立哥里骑士。

Y. 萨利雅（Yuswadi Saliya）

1938年出生于印度尼西亚万隆。1966年毕业于万隆理工学院（ITB）建筑系，1975年在夏威夷大学获得硕士学位。1977年在ITB获得博士学位，从1967年至今在该校担任讲师，并在万隆和雅加达的工作室执业，完成任务有为东努沙登加拉省的旅游局编制总体规划（合作）和担任ITB建筑馆的总设计师。他是印度尼西亚建筑师学会（IAI）、印度尼西亚建筑史学会（LSAT）和国际古迹遗址理事会（ICOMOS）的会员。

评语

1.在民族建筑语言和民族（国际）建筑史传统方面做出贡献；

2.在东南亚建筑类型和形态中取得评论员一致同意的项目。

B. B. 泰勒（Brian Brace Taylor）

1943年出生于美国，现为居住在巴黎和纽约的建筑史家。他是法国巴黎美丽城国立高等建筑学院教授，巴

德学院访问教授（1998—1999年）。他从哈佛大学取得博士学位，在《今日建筑》杂志担任编辑四年，随后与人共同创办了 *Miamr, Architecture in Development* 刊物并担任其编辑至1990年。他的著作大量是关于勒·柯布西耶的，特别是在皮萨的住宅，在巴黎的救世军大厦和在印度的昌迪加尔等。他还出版了若干建筑师的作品集，包括 G.巴瓦、R.里瓦尔、S.朱姆赛依、P.夏洛等。目前，他正在研究亚洲殖民时期的城市规划。

评语

　　本人在选择柬埔寨项目时考虑了：金边的中央商场，它建于法国殖民时期，但其结构、形式、尺度却是古代和现代的结合；西哈努克住宅区建于独立以后，也是外国建筑师所设计，然而显示了对当地气候、高密度、城市和文化问题的敏感性。

　　在越南，我选择了大叻的叶尔辛学校，是由于它内在的品位和"中性的美学魅力"，并不依附于任何特定的风格——不论是西方或东方的，它与当时很多殖民建筑试图庸俗"东方化"的潮流相对抗。

　　缅甸大金塔附近的市政府大厦是一项独特的政治声明。它代表了殖民和后殖民时期缅甸建筑的一个转折点——可惜不是向好的方向。这是英国当局试图在西方建筑上加"传统"缅甸装饰以平息民族主义期望的失败尝试，但它也是一位缅甸设计师为恢复其已遭受英国人一个世纪来的破坏和糟蹋的文化传统所表现出的英雄姿态。

大洋洲

评论员简介与评语

P. J. 哥德（Phillip James Goad）

生于1961年，获建筑学学士（荣誉）、博士（墨尔本）等学位；建筑史家，墨尔本大学建筑、建造与规划系建筑学专业副主任。专攻20世纪澳大利亚建筑理论与历史，著有《罗宾·博依德：建筑师与评论家》（1989）和《墨尔本建筑》（1998）等书，并为《澳大利亚建筑》《建筑纪录》《建筑评论》《美屋》《今日建筑》《空间与社会》《转变》等刊物撰稿。他又是澳大利亚和新西兰建筑历史学家协会（SAHANZ）主席和建筑历史学会（美国）会员。

评语

最初提名的50栋建筑反映了20世纪澳大利亚、新西兰和巴布亚新几内亚等地建筑学产品的风格、结构地区的多样性。我们的选择不限于国际现代主义，或本地区在20世纪后期的城市性以及它与全球文化力量在某些时期的联系（诸如技术进步和30年代后期的欧洲移民等）。更重要的是，我们的选择包括了那些试图描述地区本身——其本土文化和由此产生的后殖民主义文化的不可笔墨的杂交性建筑学产品。

A. 梅特卡夫（Andrew Metcalf）

毕业于新南威尔士技术大学和多伦多大学。从1975年起担任建筑师、教师和评论家。他从1996年起定居堪培拉，从事建筑设计与教学。著有《非设计您自己的房屋》（1983年）、《思索建筑》（1995年）和《建筑在转变中》（1997年）等书，并长期从事对文艺复兴时期的建筑作品的撰写、出版和阅读的文脉研究。他的作品刊载于《建筑学》、《国际建筑师》、《周围》和《澳大利亚建筑》等刊物。他于1996年受聘为剑桥大学基督学院的访问研究员，以及爱丁堡大学国际社会科学学院的名誉访问学者。

评语

最初，大洋洲部分的主编要求每位评论员提名50栋建筑。我是在这种情况下提名的。我试图推荐有以下特征之一的建筑作为我的提名：

1. 有突出的地区特征；

2. 引导建筑学的新方向；

3. 对后来的建筑有广泛影响；

4. 在某种类别的建筑（如办公楼）的发展和建造水平中代表了一个制高点；

5. 一栋为建筑师、评论家和历史学家广为评说的建筑；

6. 在建筑师事业中属关键建筑。

R. 米拉尼（Rahim B. Milani）

于德国雷根斯堡应用技术大学取得工程师文凭、美国明尼苏达大学取得环境设计学士及建筑学学士学位，后为巴布亚新几内亚理工大学建筑与建造学教授及建筑系主任。

他对巴布亚新几内亚传统建筑和集居模式的研究和著述，加上25年以上的建筑经验，使他具有对大洋洲地区杰出建筑进行提名的雄厚基础。

评语

项目选择的基本原则是它对从当代城市形态和功能的角度阐述传统巴布亚新几内亚建筑的程度。在这里，经济和速度要求往往凌驾于对文化敏感性和对场地的适宜反应之上。我试图认同那些避免做出此类妥协并对文化和环境做出适当的当代反应的项目。

N. 廓里（Neville Quarry）

在悉尼理工大学教授建筑学20年后，现为该校退休教授。在1977年为悉尼大学建筑系主任。1971年至1975年为巴布亚新几内亚理工大学建筑学奠基教授。1961年至1978年在墨尔本大学建筑学院任教，他在世界许多学校担任访问教授。

他的主要著作有*Award Winning Australian Architecture, Craftsman House, Sydney*（1997年）等，并在很多建筑刊物撰稿和出席建筑学术会议，在澳大利亚国内和国际设计竞赛中担任评委或顾问。

他在1995年获澳大利亚勋章，1994年获澳大利亚皇家建筑师学会金奖，1981年获国际建筑师协会的J.屈米奖，1975年获巴布亚新几内亚独立奖。

他在墨尔本大学获得建筑学学士，在美国赖斯大学获得硕士学位，为澳大利亚皇家建筑师学会终身资深会员。

评语

我对项目提名采取三项原则：

第一，被提名的项目要有生动的、自主的建筑存在；

第二，作品对后来建筑师的形式创造行为有强烈的影响，并且对公众的建筑感受能力有正面的作用；

第三，建筑作品与时代文脉发生共鸣，并领导其前进。

R. 沃尔登（Russell Walden）

建筑学博士，新西兰建筑学会资深会员，建筑史副教授，曾担任英国伯明翰的英格兰中部大学高级讲师。此前在英国和新西兰从事建筑设计。教学重点：建筑史；研究重点：西方建筑史。著作：《张开的手：论勒·柯布西耶》（1982年）、《静默的声音：新西兰的富图那小教堂》（1987年）、《芬兰的收获：奥塔尼艾米小教堂》（1997年）等。现正写作：《竭尽建筑：感觉、升华、智慧》。

J. 嘉特丽（Julia Gatley）

生于1966年。新西兰历史场所基金会文物保护顾问，惠灵顿维多利亚大学建筑学院建筑史与建筑遗产保护兼职讲师。1997年于维多利亚大学获建筑学硕士学位，专攻现代建筑运动史。为《热诚与远征：新西兰惠灵顿和克赖斯特彻奇的现代主义运动》（J. 威尔逊主编）一书的实际编辑。现正从事关于建立于1946年惠灵顿建筑中心的历史一书的编撰。

评语

尽管人们可能以为新西兰与世隔绝，然而它的建筑却无法与国际影响脱离。我们可以看到各种观点以多种方式传来。新西兰建筑师不断出国访问、学习、工作，其他国家的建筑师（传统地来自欧洲、北美各国以及澳大利亚，现在也来自亚洲国家）也经常来访问或移民（至少在此置房）。此外，还有大量书刊引入，而新西兰的出版社也不断从国际上取得书源。结果，尽管毛利族标记和本土材料使某些建筑取得特色，许多新西兰建筑也可移植到其他国家与当地建筑平起平坐。

项 … 目 … 评 … 介

东南亚

1900—1919

1. 威曼美克皇宫

地点：曼谷
建筑师：纳里萨拉努瓦梯翁王子
设计／建造年代：1901

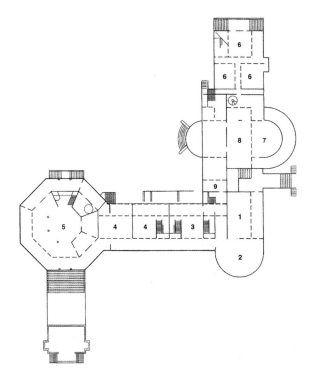

↑ 1 二层平面
（1.东房；2.蓝白房；3.青铜房；4.狩猎物房；5.八角房；6.粉红房；7.钢琴房；
8.影集收藏室；9.瓷桌房）

皇宫是在苏安·杜锡宫内重建的皇室住所。它是拉玛五世在视察滨海省份时见到孟达·拉塔纳米大厦时产生的念头。他把那座金光闪闪的柚木建筑拆除又搬到此地重建，总共只花了七个月。

这座美轮美奂的建筑呈L形，由两翼组成，一面向西，一面向北，以直角相交。每翼长60米，宽一般为15米，局部地方为35米。底层到四层楼面的高度为20米，到上层结构顶为25米。

皇宫周围有四条运河，建筑底层用粉刷，而其他部分用现在已极为稀

↑ 2 东入口，踏步导向影集收藏室
↓ 3 从四层到底层的螺旋楼梯

少的金柚木。除西端的八
角亭加四层为国王的私人
用房外，其他三层均为公
用。西翼终端后面有一绿
屋，做皇家的幼儿园用。

（D.布纳格/S.朱姆赛依）

↑ 4 二层的八角厅原来是国王的私人用
　　房，现用于展览瓷器
← 5 四层西翼国王寝室外的前厅
↳ 6 三层外廊上的宽敞半圆形皇位厅

↑ 7 北翼二三层间的细木作螺旋楼梯
↓ 8 西入口上的半圆房，从走廊的细木作窗口看
↓ 9 四层上围绕八角房的长廊

图纸由 D. 布纳格提供，照片由天际工作室（Skyline Studio）提供

2. 室利美纳梯宫殿

> 地点：芙蓉市，森美兰州
> 营造师：图康·卡哈尔与图康·泰依布 *
> 设计 / 建造年代：1902—1908

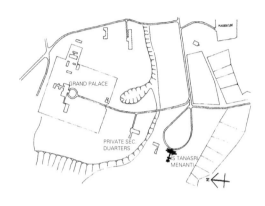

↑ 1 位置图
↓ 2 二层平面

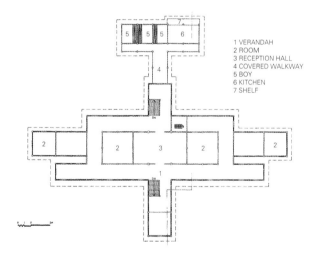

1 VERANDAH
2 ROOM
3 RECEPTION HALL
4 COVERED WALKWAY
5 BOY
6 KITCHEN
7 SHELF

马来西亚有极为丰富的热带雨林资源，从最简陋的房屋到皇室宫殿，长期以来都用木材建造。马来宫殿（Istana，指苏丹的居所）作为马来文化和传统的象征，对人民的生活有重要意义。最大的也是最后的宫殿是森美兰（Negeri Semblian）第七代统治者建造的——森美兰是马来联邦在英国统治期间的四个联邦省之一。宫殿在1931年之前用作苏丹正式住所，后来在邻近造

↑ 3 入口外观一
← 4 屋顶平面

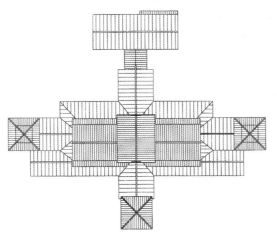

了一栋新而现代的建筑，"老"宫殿历经多种用途，现在是国家的皇家博物馆，保护良好。

中央塔楼的四根支柱从地面起高达65英尺（约20米），是就近取木的。按典型做法底层是开敞的，整个构筑中不用钉子。但是本建筑的平面和整个设计却与本地区传统的房屋不同。

二层公共用房为行政区，前廊整个长度供朝廷使用，苏丹的王位设在左面一坛上，其他地方首领的座位在右。三层为王室用房，四层为苏丹本人所用。五层设在中间塔楼内，作为王室的金库和档案馆，只能从王室用房通过一段陡坡的楼梯才能上去。

木柱及梁的外表有大量花纹装饰，是马来工匠的工艺作品。（曾文辉）

*图康：为"工匠"的马来语说法。

↑ 5 入口外观二
↓ 6 剖面

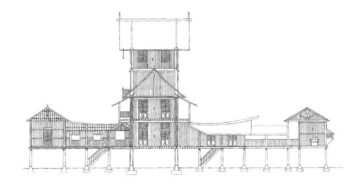

↑ 7 内部：长廊及苏丹王位

↑ 8 木柱和封檐板上的树叶纹

↓ 9 中央塔楼外观

↓ 10 花纹装饰细部

图纸由曾文辉提供，照片由马来西亚国家博物馆照相部提供

3. 拉玛五世火化场

> 地点: 曼谷
> 建筑师: P. 拉贾马克拉姆（K. 洪萨库尔）
> 设计/建造年代: 1911

↑ 1 建筑底部的豪华装饰

火葬是随着佛教从印度传到暹罗的，并成为常规。当拉玛五世在1910年10月去世后，其火化仪式在1911年3月末举行。皇家火化场设在皇宫北端。

暹罗皇帝登位时首先要考虑的是为其前王举行火葬仪式的场所，它必须与前王的伟大声誉相称。四个北方省（产最佳柚木的地方）的省长均必须每家提供一根木料，以组成火化场（Phrameru）的四根支柱，每根长60米至75米，挺直，属最好材质。其他省的省长也要提供大量建筑用木材，运到首都。在火化场边上还要

↑ 2 火化场全貌
↓ 3 皇帝用的临时建筑内部

建一个长廊，包括廊道和
遮盖，以容纳朝廷官员和
送葬者。另外还有许多小
型辅助建筑，使整个建筑
群像个小镇。在这些建筑
中，均不得使用任何在其
他建筑中剩余的木料。由
于伐木和用筏运到首都只
能在雨季，所以火葬在前
王死后很久才能进行。尽

管建筑使用时间很短，却仍然精雕细刻，全部覆盖金饰和闪闪发光的镜面马赛克，就像暹罗的豪华寺庙。火化场围有7层、9层、11层高的华盖式的伞。主建筑平面为方形，围之以墙。墙的四角设高塔。

（D. 布纳格/S. 朱姆赛侬）◢

← 4 送葬队伍与船状车
↓ 5 供皇室休息的临时建筑
↓ 6 细部

照片由泰国国家档案馆提供

4. 乌布迪亚清真寺

地点：瓜拉江沙
建筑师：A. B. 哈伯克（公共工程局）
设计/建造年代：1913—1917

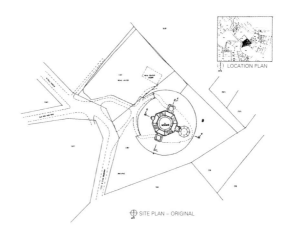

↑ 1 场地平面

这座美丽的清真寺位于皇家博物馆对面的仓丹山，是在1913年由苏丹伊德里斯——马来西亚霹雳州第28世苏丹——为实现自己的一个誓言而建造的，在1917年由其继承人阿布杜尔·贾利尔苏丹启用。设计人是首都吉隆坡公共工程局的政府建筑师A. B. 哈伯克，他引进了北印度莫卧儿建筑风格。它首先在吉隆坡的阿布杜尔·萨马德建筑（1894—1997年）中得到使用，是

政府工程师C. E. 斯普纳有意选用的。

其平面是对称的八角形，按伊斯兰教教规，主轴指向麦加方向，用传统壁龛指明。清真寺由一圆篱包围，只在一段开口，让信徒可以从边上的柱廊进入寺内，而入口则在壁龛后面。祈祷堂由边廊包围，上面是洋葱屋顶，周边有四座高、细的礼拜楼，均以小尖塔为顶。五

个小穹顶设在壁龛、洗礼室和柱廊之上，其间有16个一对对下落的小礼拜楼。给人的印象是中央穹顶升起在一群礼拜楼和小穹顶之间。整个组合的比例端庄和平衡。它确实是本国莫卧儿建筑传统的珍宝。（曾文辉）◢

↑ 2 总外观
↓ 3 讲坛
↪ 4 建筑平面

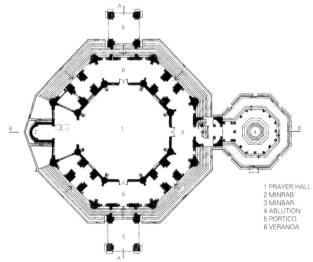

1 PRAYER HALL
2 MINRAB
3 MINBAR
4 ABLUTION
5 PORTICO
6 VERANOA

→ 5 礼拜楼尖塔
↓ 6 A—A 剖面
↓ 7 B—B 剖面

图 2 由国家博物馆照相部提供，图 3 和图 5 由建筑师舒利亚提供，其余由曾文辉提供

第 **10** 卷

东南亚

1920—1939

5. 万隆理工学院（ITB）礼堂

> 地点：万隆
> 建筑师：H. M. 庞特
> 设计/建造年代：1920

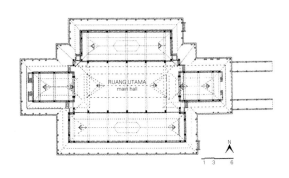

　　本礼堂是由 H. M. 庞特（1885—1971年），一位知名的荷兰建筑师设计的。他出生于印度尼西亚的米斯特·康尼利斯（贾梯尼伽拉）。与当时很多出生在印度尼西亚的荷兰人一样，他在1894年去荷兰念书，并在1902年进德夫特高等技术学校主修建筑学。实际上，他是该校第一个荷属印度尼西亚修建筑学的毕业生。当时正是欧洲现代建筑成形时代，因此他很自然地接触了勒杜和贝拉格等人的现代运动的思想和理论。从他的作品来看，似乎他并没有受当时很时兴的流派如立体主义等的影响，而是更倾向于采用地方材料甚于人造材料。

　　业主要求礼堂成为大型而气派的建筑，并坚持尽量采用地方材料和劳力，以降低造价。那些要求苛刻而又小气的种植园主脾气很大。校园的选址是经过激烈争论后才确定的。但建筑师对校园的选址却始终是正确的。它位于万隆以北离市中心约6千米处，在一块约300米×1000米（30公顷）的土地上，西邻齐卡彭冬河，北面是一座小山，南与东以路为界。万隆市在其南；神话般的唐库班培拉胡山（意为上下颠倒——译者注）恰在其北。校园主入口设在南面，人们进入校园，可以看到山的平顶，成为指北标记。在轴向的路两旁，有东西两礼堂，完全对称，以有盖的

← 1 底层平面
↑ 2 正面外貌
↓ 3 轴视图

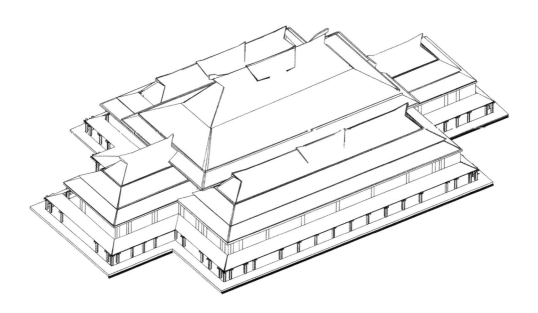

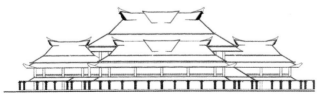

↑ 4 建筑与景观
↑ 5 北立面

通道相连，构成柱廊，可作为雨季时的人行走道。

礼堂本身是个建筑群，各有其顶。它们互相连接，使屋檐终止在一混凝土水槽处。最大的建筑为16米×32米，为居中最高者，屋顶也最有风味。它的屋架支撑在一高达10米以上的用胶合木制的拱券上。由于当时缺乏好的胶合剂，庞特在胶以外又用了铁夹并涂以黑漆，与木料的棕色相比，从下面看去像是竹竿。拱券截面越往下越大，最厚达到30层板，实为壮观。

建筑材料用高级柚木，屋面用硬质耐久性木瓦，当地称为"sirap"（Eusideroxylon zwageri，坤甸铁樟木）。考虑到它是在"一战"后资源短缺时期用当地劳工及地方材料建成，其细作质量实属上乘，从混凝土水槽与木结构相交处历时80年至今仍良好可见。柱脚处需考虑拱的横推力，也解决得很

→ 6 室内外露结构
↓ 7 室内素描（建筑师本人
　　画，1919年）
↓ 8 柱脚

成功。

从建筑艺术角度说，柱廊走道颇有赖特风味。庞特在此用了许多恰如其分的屋顶倾角，还用垂直相交的小木杆设在柱顶，以支托自然藤枝。奇怪的是，屋檐、木托等与嵌在柱面的如苹果那么大的乱石等都能控制在人的尺度之内，提供了精彩绝伦的建筑处理手法。

在晴日，从远处看去，成簇的屋顶与后面的山互为衬托，使人们很难说它是取材于哪一个具体的乡土建筑。

M. 庞特，通过在1920年正式投入使用的本工程设计，被颂扬为使殖民建筑现代化的先锋，因为他善于从地方、传统和乡土建筑中发展新的形式。他的观念鼓舞了几代后人。ITB礼堂迄今为止仍然是独一无二的建筑杰作，如俗语所称：无与伦比！

（Y. 萨利雅）

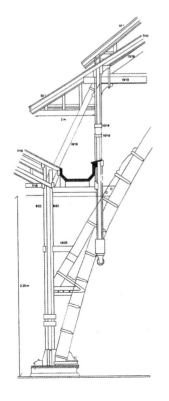

← 9 结构构造
↓ 10 室内素描（建筑师本人画，1919年）

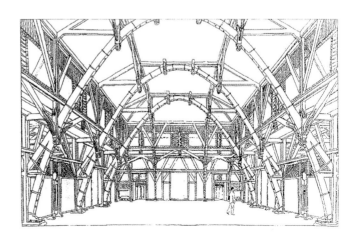

6. 大华大剧院

> 地点：新加坡
> 建筑师：不详
> 设计/建造年代：1927

新加坡唐人街中心的街对面，在1927年由慈善家余东旋出资建造的为演粤剧用的天演舞台（译音），后因改为放映中国电影的电影院，则更名为皇后剧院，其后再改名为大华大剧院。它立面上的中国主题在新加坡属首次在一种历来是西式的建筑类型中应用，其意图是注入某种文化意义。这些主题图形是传统中国模式的"现代"变种。洞穴式的室内采用了混凝土结构的韵律以及中国式的装饰艺术风格。舞台前部的拱券被20世纪60年代所谓的"改进"所挡没。人们

↑ 1 外观（何刚发提供）

迫切地期待有朝一日它得以恢复，重现昔日之原始美。（何刚发）◢

↑ 2 外观（新加坡国家档案馆 Tang Kok Kheng 收藏室提供）

7. 肯南甘宫殿

▎地点：瓜拉江沙
▎营造师：H. 索皮安与其子
▎设计/建造年代：1929—1931

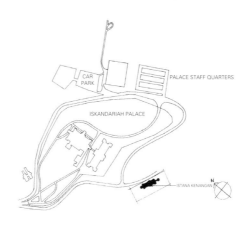

↑ 1 场地平面
↓ 2 现为州博物馆的肯南甘宫殿

这座独特的宫殿是作为马来西亚已故的霹雳州苏丹伊斯康达尔沙的临时宫室建造的，在1933年现有宫殿建成以前被用作办公场所。后来为霹雳宫廷家族所用，现作为霹雳州博物馆。

与马来民居一样，它的一层高出地面，以木材无钉子构筑；其平面很特殊，有41.5米长，与一般民居不同，它的形状是多边形的，可容纳一系列形状不同的房间。上面

↑ 3 从东北角看建筑外观
↓ 4 剖面
↓ 5 一层平面

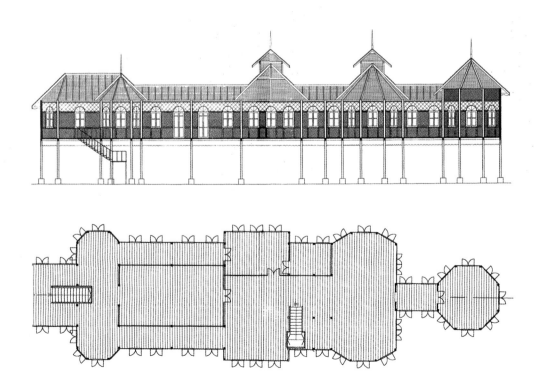

是庑殿式屋顶和半山墙，用地方制木瓦覆盖，其木料是砂拉越州（Negeri Sarawak）的独产硬木。板墙是由一种称为"kelarai"的竹编构成——用本州的黑黄白色竹材编织而成，使立面成为一幅菱形图案。屋脊、扇形窗、屋顶和地面都表现了另一种马来工匠的手艺，特别是精细雕刻的金银丝色带。*（曾文辉）*

↑ 6 从西南角看建筑外景
↑ 7 竹编与饰带细部

照片由马来西亚国家博物馆照相部提供，图纸由曾文辉提供

8. 大都会大剧院

║ 地点: 马尼拉
║ 建筑师: J. M. 阿雷拉诺
║ 设计/建造年代: 1931

↑ 1 剧院后立面
↳ 2 剧院正立面

本剧院是由菲律宾建筑师 J. M. 阿雷拉诺设计的。他于1911年在美国的德雷塞尔大学取得建筑学学士学位。回国以后，先与其兄合作，后参加公共工程局。他也是一个画家，喜欢印象派和表现主义。作为建筑师，他还设计了马尼拉的其他一些公共建筑，如邮局大楼、立法大厦等，都仿照当时美国的联邦风格。这些建筑都是伯纳姆总体规划中所列的项目。

大剧院是在1924年由阿雷格里议员在立法会上提出的，为此成立了一个委员会，选择阿雷拉诺为

建筑师，并派他去美国向 T. W. 兰姆（1871—1942年）请教。后者当时是美国最杰出的剧院设计人之一，设计了纽约的科特、利佛里和罗埃等剧院。阿雷拉诺在他的指导下进行了大剧院的设计。

1925年在巴黎举行的装饰与工业艺术博览会在欧洲和美国引起了轰动，这也使装饰艺术风格特有的游戏性和几何性装饰在阿雷拉诺的设计中起了主要作用。然而，剧院

的平面仍然受学院派的影响，是对称的，显示正规性和秩序性，使它在马尼拉的城市背景中成为标记。剧院的主体是层次性的，终结于顶上的拱券。屋顶沿边被几垛垂直支墩所冲断，每座支墩顶上有一尖顶，犹如穆斯林（在菲律宾南部占大多数）清真寺的礼拜楼。主体的中央有彩色玻璃窗，画有多种菲律宾的热带花草。在强烈的阳光下使原来的西方风格带上了热带的风

味。其他室外的主题包括手工制作的面砖，仿照传统壁毯或服装，披挂在结构之上。主体包含剧场和大厅，其两侧有拱廊式的商店，包括餐厅和其他设施。这种拱廊在热带气候中很成功，它与马尼拉的城市肌理相呼应。

阿雷拉诺在室内设计中继续采用本土主题。装饰系统均来源于菲律宾，又变换为装饰艺术风格。显示了芒果、香蕉和菲律宾特有花果组成的花环。

在大厅中有两幅壁画，为国家艺术大师F.阿莫索洛所作，题为《舞蹈与音乐之神》。其他装饰包括竹子般的玻璃灯、外壳形似贝壳的卡皮斯（capiz）灯和天堂之鸟等。综合起来，它创造了一种强烈反映菲律宾文化传统的建筑艺术。

其他房间包括一个舞厅和一个实验剧场，也充满了装饰艺术的手法。主剧场可容1339人，与马尼拉人口相比，在当时被认为太少。尽管如此，大剧院在后来好几代都被视为马尼拉的标志建筑。（F. B. 马诺萨）

↑ 3 剧院侧部
← 4 主入口

↑ 5 装饰艺术风格的细部
→ 6 装饰艺术风格的细部

照片由 D. 李超可提供

9. 克里福德码头

| 地点: 新加坡
| 建筑师: 公共工程局
| 设计/建造年代: 1931

克里福德码头是以海峡区总督（1927年至1929年在任）H. C. 克里福德爵士命名，由后任总督C. 克里门蒂爵士在1933年6月3日剪彩启用。此前，新加坡的码头叫约翰逊（他是第一代来新加坡的商人，并为扶轮社的创始人之一）码头，在1933年7月被拆除。克里福德码头的建造者是新加坡承包商和合私人有限公司。码头用钢桩打至海床面，在建造过程中承包商掌握了先进的施工技术。

码头上有一处大型的、以混凝土拱架为支撑的候船厅，迄今为止仍给抵达者以兴奋的感觉——

而昔日这种浪漫气息更重。码头建立在一系列给人印象深刻的水边建筑之间——包括老的海洋大厦、阿卡夫商品廊、海运大厦、汇丰银行和富尔顿大厦等。除了最后一项外，其他的都被以"进步"为名拆除了。在其繁荣时期，这个码头被人们称为"红灯区"，它既指在约翰逊码头悬挂的一盏红灯，也暗指那些晚上活动于此的女郎。码头今日仍被忙碌使用。(何刚发)

← 1 从道路看码头外观
↑ 2 总外观
↓ 3 混凝土拱券支撑的候船厅

↑ 4 拱式屋架
← 5 入口

照片由新加坡国家档案馆 Lim Choo Sie 收藏室与
何刚发提供

10. 苏莱曼苏丹清真寺

> 地点：雪兰莪
> 建筑师：L. 克斯特凡
> 设计 / 建造年代：1933

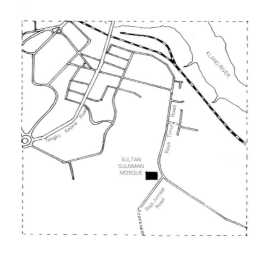

↑ 1 场地平面
↓ 2 总入口

与乌布迪亚清真寺一样，这是一座皇家用寺，为一名马来统治者——苏丹阿劳丁沙建造。它位于皇城巴生的阿兰宫附近。和其前例相仿，它是八角形的，主轴指向麦加（称为 qiblat），传统的壁龛面向入口。沿该主轴，从入口门廊到清真寺本部之间，升起了一座高高的带穹顶的礼拜楼，顶上是新月形的标记，以取代老式的风向计。祈祷厅也由回廊包围，但是穹顶却是西

↑ 3 从圣龛看清真寺
↓ 4 底层平面

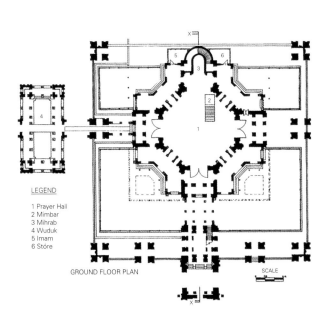

LEGEND

1 Prayer Hall
2 Mimbar
3 Mihrab
4 Wuduk
5 Imam
6 Store

GROUND FLOOR PLAN   SCALE

方式样的，与乌布迪亚清真寺不同。中央穹顶由一圈拱壁将横力传到八角内墙上，中间设有天窗。圆形穹顶边上有金属装饰。横轴上有四个小穹顶，而在外圈廊上则有更多小穹顶。其内，祈祷厅的大穹顶升起，配有万花筒式的彩色玻璃内衬。从风格上说，本清真寺取材于20世纪初的分离派，其首要人物O.瓦格纳很可能为建筑师所知。（曾文辉）

→ 5 穹顶内部
↓ 6 剖面

图 2、图 3 由马来西亚博物馆照相
部提供，图 5 由 D. 哈辛提供，其余
由曾文辉提供

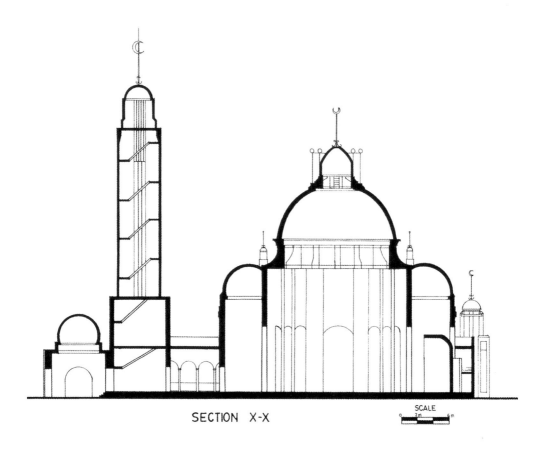

SECTION X-X

SCALE
0 2m   6m

11. 新加坡火车站与旅馆

地点: 新加坡
建筑师: 斯旺与麦克拉仑事务所
设计 / 建造年代: 1932

本车站于1932年由 C. C. 史密斯爵士主持正式启用。建筑的新古典风格可能是受 E. 沙里宁设计的赫尔辛基车站的启发。

它在1932年经三年施工后完成,采用24米钢筋混凝土暴露拱架,令时人备感惊讶。在拱之间用瓷砖贴面板,上画许多航海、采锡、种稻等马来族的活动。在前门处有四座英雄像,分别象征商业、农业、工业和航海业。两个站台用伞形钢筋混凝土顶覆盖,可适应当时最长的车列。不幸的是,这座宏伟的建筑后来被许多无趣的添加屋所糟蹋,并且维护不佳。(何刚发) ◢

← 1 内景
↑ 2 前景

照片由何刚发提供

12. 市政府大楼 (现为仰光市开发公司)

地点: 仰光
建筑师: A. G. 布雷与乌丁
设计 / 建造年代: 1933

英国19世纪末到20世纪初在各殖民地的殖民主义建筑,尤其是在亚洲的,可以区分为两种,一种是毫无灵感地照搬英伦三岛当时的流行风格,另一种是认真地试图创造出西方与当地的混合词汇。后者通常有其政治动机并且是强加于设计人身上的。缅甸曾经是英属印度的一个省,直至1948年取得完全独立的地位。它的前首都仰光有许多爱德华风格的政府建筑,在北部曼德勒的大学则有一纯新希腊式的柱廊。然而,仰光的新市政府大楼 (由英国建筑师 A. G. 布雷设计,

分两期建成) 却成为英国殖民地 (甚至是其后) 的纪念性建筑设计的一个关键性的转折点。它反映了当时的市议会在已经设计后又要求其第二期工程中纳入缅甸建筑风格的愿望。

本建筑位于达侯西街与苏里塔街的交会点,在著名的大金塔的东北,它占有前市政厅所用地 (在33街与34街之间),并适当扩大以容纳这座雄伟的混凝土建筑。第一期包括办公与议会会议场所,由布雷设计,于1927年11月落成。它的设计是中间为整体,周围设廊,这对

当地的湿热气候来说是完全适当的。它面向窄街的立面是端正的新古典主义的二层建筑。在1928年开始了第二期工程的招标。由于提出了使它更具"缅甸的民族性",从而必须修改布雷设计的要求,使工程的批准推后。缅甸人乌丁,一位受过训练的建筑师,正式被聘用为市政府助理工程师,被任命负责"完成设计,提交全部施工图"(见1929年至1930年市政府报告)。

记录表明,第二期工程包括接见厅和宴会厅。类似在当时不久前由法国建筑师在巴黎郊区设计的

市政厅，布雷的设计意在超越附近受尊敬的苏里塔，从而引起了有关其建筑风格的争论。看来，吴的设计主要是在接见厅内部和面对达侯西街的立面添加装饰。从现在的效果看，他通过应用在其他地方（如俄罗斯）使用过的手法，即从传统木建筑中移栽到混凝土结构上，也取得了一定的成功。尽管缅甸有许多砖石砌筑的庙宇，他仍然从北部的木构寺庙中借用了塔楼和装饰格窗等传统。

本建筑在缅甸极为保守的现代建筑发展史中的意义，在于它开辟了对缅甸本土建筑特征及表现手法的讨论。它在1933年完工，在布雷的第一期完成之后的六年，正好是缅甸民族主义兴起之际。它是第一个由本土建筑师设计的大楼，包括吴它吞（留学英国）和吴芒芒（留学印度）等，均参与了独立后建筑转型过程中的设计工作。以后还出现了其他类似建筑，如火车站等，但在场址、规模、功能等方面均比不上本建筑。（B. B. 泰勒）

↑ 1 外观 – 前景
↓ 2 外观 – 侧面

照片由 B. B. 泰勒提供

13. 伊索拉别墅

> *地点：万隆*
> *建筑师：C. P. W. 休梅克*
> *设计/建造年代：1933*

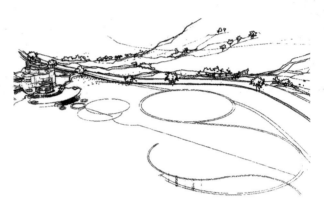

↑ 1 鸟瞰图一
↓ 2 场地和底层平面

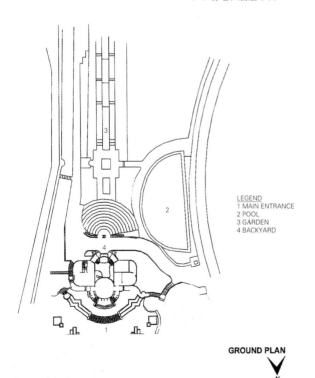

LEGEND
1 MAIN ENTRANCE
2 POOL
3 GARDEN
4 BACKYARD

GROUND PLAN

本别墅由 C. P. W. 休梅克为一名荷兰富商 D. W. 贝勒梯设计，于1933年建成。休梅克是位知名的荷兰建筑师，在爪哇做过许多设计。他对爪哇传统建筑深有研究，这与他的同代人 M. 庞特一样。然而，庞特试图发展本土文化，而休梅克则像个熟知当地文化的外来人得心应手地运用现成做法。休梅克是从印度的观点来看爪哇传统建筑的。于是，伊索拉别墅就成为印度寺庙

↑ 3 景观外貌

← 4 从北看的外观

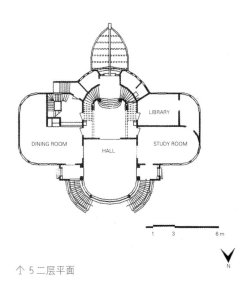

↑ 5 二层平面

N

↑ 6 三层平面

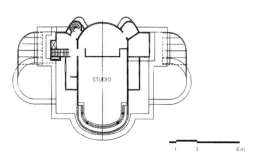

↑ 7 四层平面

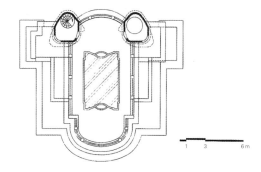

↑ 8 屋顶平面

↑ 9 从南看的外貌

↑ 10 建成时外貌
↓ 11 鸟瞰图二

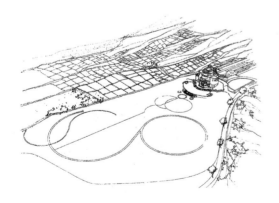

（candis）的抽象化形式，和其他爪哇建筑一样，由足（基础/地坪）、身（墙/柱）和头（吊顶/阁楼/屋顶）组成。为了表达和突出这些部位，采用了一系列水平线脚。此外，他熟知现代观点、风格派和装饰艺术的手法。问题只在如何把它们捏在一起。

设计采用古典式的南北轴线布局，长约600米，有4%—5%的斜坡。其北部处于高位，指向唐库班皮拉胡山。场址的西部是弯曲的万隆—伦榜公路（伦榜是万隆以西16千米的一个小镇，在唐库山脚）。休梅克把入口选在离北端200米处，把东西轴直接切入入口廊和门厅处，使门厅略高于别墅的二层。沿踏步向下可以进入家庭起居室（沙龙）、餐厅、工作/秘书室，再向下一层就到底层的服务部分（厨房、储藏、仆人用房等）和一间游戏室，后者连通一处大的开放平台，它有沿等高线的对称的曲线踏步可通向台阶式的稻田。从门廊向上到三层，就是卧室部分，它通过一扇大型滑动门走上阳台。后者设一悬臂式钢架，配置挡雨的玻璃盖。四层是画室、暖廊和小酒吧，顶上是屋顶平台。

本别墅的主要特色是墙都是曲线形的，像是不同大小的筒体的组合，其排列符合南北轴线。休梅克在水平方向广设很多线脚，特别是强调经精心处理的窗口，同时也指示了楼地面的高程。和印度寺庙相似，四层以上，面积就缩小，并以屋顶平台为顶峰。其综合效果是突出对称的虚与实、漂亮与傲慢的结合，但又与四周起伏的地形相呼应。

总建筑面积（包括屋顶平台）约为1400平方米。场地开放，面积为5公顷，其北部有花园（游泳池和带雕塑的喷泉），南部的景观处理包括水池、雕塑、

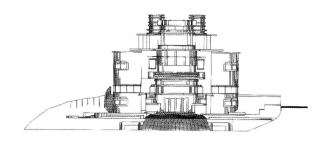

↑ 12 南立面

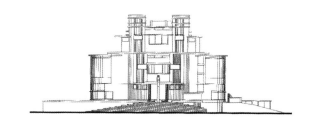

↑ 13 北立面

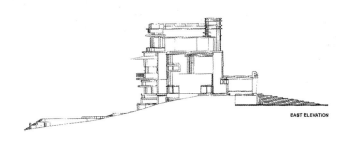

↑ 14 东立面

曲线楼梯、漫步曲径等。向北可看到富有神奇传说的唐库山的天际线。向南，不论在哪一层，都可以看到万隆平原。（Y. 萨利雅）◢

↑ 15 室内：楼梯
← 16 西立面

图纸和照片由 Y. 萨利雅提供

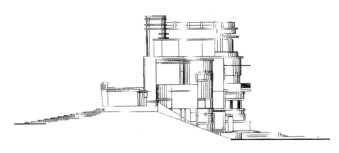

14. 叶尔辛学校

|| 地点: 大叻
|| 建筑师: J. 拉吉斯奎特
|| 设计/建造年代: 1934—1935

↓ 1 从南看楼梯塔与教室翼

在1920年至1950年法国殖民时期在越南建造的少数杰出建筑中，本学校的扩建具有突出地位。它的历史意义在于它是唯一的按照著名规划师E.赫布拉德规划确定的场址建造的项目。它处于山顶之上，地理位置上很显著，其建筑品位从很远就可看出。设计人是美术学院培育的建筑师J.拉吉斯奎特，他在法属印度支那生活过一段时间。这项扩建工程既不想重新阐述地方传统，也不想创造东西方混合的词汇。坦率地讲，它是栋现代主义作品，可以毫无问题地插在20世

↑ 2 北立面与塔楼，注意中层外廊
→ 3 楼梯塔与新老建筑之间的混凝土拱顶联廊

纪30年代法国的当代建筑之中而不引起美学情趣之争。然而，他的场地处置是如此地出色，建筑设计如此精美，细部处理如此高超，使它取得了出色的成就。

尽管有某些地方性的要素，如楼梯塔、钟楼、坡屋顶之类，本建筑还是带来了现代性和世界性的"气息"。结构上，它用红色耐火砖承重，使用了钢筋混凝土楼板、屋顶梁、檩条、阳台和柱。和许多典型欧洲20世纪30年代建筑一样，它也有少许凸出墙面的窗口边框，和强调水平性的饰带，并涂上颜色以区别于墙体。清水砖的施工也很到家。

这栋大型建筑的场地处理也很精彩，不论是在与地形或是在与已有建筑的关系上均是如此。最早完工的首栋建筑位于山顶的平台上，是三层粉刷的砖结构，双坡顶、木屋面、百叶窗，一般说来没有什么特色。但拉吉斯奎特的设计则从东北到西南沿高台一泻而下，两端以低矮的穹顶覆盖的柱廊与其他建筑连通。这种连通突出了新的四层高的主楼，赋予了它纪念性，同时又与周边建筑围绕中心游戏场组成亲切的整体。其体量又符合老建筑的尺度，从而把分散的部分连成整体。

建筑平面充分考虑了气候因素。本地区雨季长达150天，温度在32℃至2℃之间变化，平均为18℃。因此，教室都布置在南侧，以吸收自然阳光和冬季防寒。二层和三层的外廊都设在北侧以利

穿堂通风，并向游戏场开放。底层是拱式门洞、高吊顶，供集体活动用；它与顶层都有中央通风系统。

在西端，有一相当于两倍主体高度的塔楼，里面是通向上层的楼梯。它是最引人注意的垂直景观，顶层是一座钟楼。尽管它使人想起欧洲（特别是阿尔卑斯山）的乡土建筑，但是其风格又是不确定的，同时又肯定不落俗套。

叶尔辛学校的扩建，当时在报纸上广为报道，成为殖民时期的知名文化建筑。在越南独立以后，被改为师范学院，至今维护良好，对后代起了鼓舞作用。（B. B. 泰勒）

↓ 4 从南看的总貌

照片由 B. B. 泰勒提供

15. 中央商场

地点：金边
建筑师：J. 德布瓦、L. 肖松
设计/建造年代：1934—1935，1935—1937

金边的中央商场是20世纪在东南亚涌现的现代建筑中的真正出类拔萃者。它处于城市第一个总体规划的中心，试图与已有的邻里统一并将其扩大。它在形式、尺度和建筑材料等方面均与老的地方（甚至地区）建筑不同。此外，它代表了在法国最远殖民边疆引入现代建筑的早期尝试。

本建筑的构思不同于近150年内世界各地的有盖市场中用钢、木、玻璃为材料的常规做法，它的中央空间是八角形的，直径45米，用一个26米高的穹顶覆盖，再从中心伸出四个翼。整个结构用现浇钢筋混凝土，同时又满足任务书中提出的两个主要功能要求：足够的自然通风和避免热带太阳的暴晒。伸出翼基本上是开敞的，在有层次的屋顶中设置通风纱窗，中央空间也有类似开口，供间接采光和排出热风。

J. 德布瓦当时居住在法属印度支那。市议会最初要求他提出四个初步设计方案，希望每个都能达到欧洲20世纪20年代末和30年代初同类建筑的先进水平。他受到报刊上介绍的莱比锡1928年建成的新中央商场的启发——该商场由几个穹顶组成，每个净跨为76米。他提出的方案要比此简单，但仍然在空间构成上有独特构思，规模宏伟，内外都有气魄，然而又不搬用任何东西方特殊的传统风格。

初步方案从德布瓦的四个中选出，然后在法属公共工程公司中招标，并征求一名建筑师承担施工图设计。该任务由原西贡的肖松取得，他完成了最终方案，对穹体的形状和结构以及翼部高度稍作调整。

除了建筑本身突出外，它对扩大柬埔寨的主要商业区并把金边原来分散的角落组成整体方面也

起了重要作用。它位于过去的沼泽地，被一群混合商住的骑楼所包围。在城市原来的平坦地形中，出现了一个人造的小山包，与原有的一座山相呼应，提供了某种无可否认的宗教气氛。它成为未来发展的组织要素，同时也是社会和宗教活动的焦点。作为一栋明显现代主义、在平面布置和装饰方面均无任何象征手法的建筑来说，做到这一点是难得的成就。（B. B.泰勒）

↑ 1 夜景
↓ 2 穹顶内部

照片由 B. B.泰勒提供

16. 盎格鲁—东方大厦

地点: 吉隆坡
建筑师: A. O. 科特曼、布提和艾德华事务所
设计/建造年代: 1936, 1937—1940

← 1 场地平面
↓ 2 踏步

这栋具有装饰艺术风格的三层高的建筑位于一块四边形场地的一角，在国会路形成标志形象。它的双塔顶部是典型的旗杆，点缀了角上入口和挑出的雨篷。强烈的垂直性抵消了侧翼的水平性。多层次的立面设计重复于两条明快而具有个性的街面之上。带凹槽的饰带与柱列显示了某种程度的古典性。下层的窗都有独立的雨篷，而顶层的窗上面则有通长的遮阳挑出板，给

↑ 3 入口外观
↓ 4 剖面

人以阁楼层的感觉。

　　在内部，门厅导向位于中庭的主楼梯，后来在20世纪60年代引入空调系统后加了顶盖。楼梯叉开转弯到达二层房间的走廊，三层同样布置。立面上强烈的装饰艺术风格被带进内部，出现在门和木壁板上。这栋建造于"二战"期间的建筑实际上成了其后出现的当地现代主义建筑的先导。（曾文辉）◢

→ 5 中庭内部
↓ 6 二层平面
↓ 7 底层平面

图纸和照片由曾文辉提供

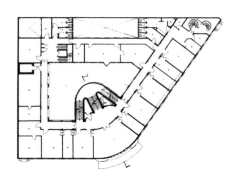

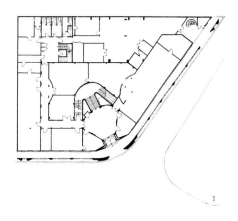

第 **10** 卷

东南亚

1940—1959

17. 中峇鲁组屋

║ 地点: 新加坡
║ 建筑师: 新加坡改善基金信托会
║ 设计/建造年代: 1941

在1927年，英国殖民政府建立了新加坡改善基金信托会（SIT）以研究城市过于拥挤和尖锐的住房短缺问题。中峇鲁组屋就是SIT承担的第一项公共住房工程，它建造在一块原来的华人墓地上。"中峇鲁"是中国福建话中的"墓"和马来话中的"新"字的混合。尽管新墓地的名称对供活人居住的住宅区来说并不吉利，它仍给后代提示了本地区的来历。在1936年至1941年间，SIT在中峇鲁共建造了784套公寓，组合在23层高的建筑内，还有54所合居住房和33家店铺。这

← 1 立面外观
↑ 2 建筑与街景

↑ 3 建筑一角之外观

照片由何刚发提供

批住房曾上广告出售，但问津者寥寥无几（见SIT 1953年报告），也许与它的名称有关。在1941年，中峇鲁组屋改为出租，有6000人（包括部分欧洲人）迁居于此。

本地段主要是按照英国新城镇规划的原理规划，强调小邻里和在公寓近处设开放的娱乐空间，并改善卫生条件。然而，英国的建筑师在平面设计中考虑了当地条件，见之于骑楼形式的采用和天井及后巷的设置。从城市角度看，总平面设计与周围的历史建筑紧密结合，使社团可以交互，建筑尺度适宜，具有装饰艺术风格。各个边角都由建筑明确定义，并配置可为整个社区服务的商店和小食店。考虑到它是在1941年建设的，说明它比新加坡后来建造的许多公共住宅区要先进得多。中峇鲁组屋的建造说明公共住房建设并不都是千篇一律、枯燥乏味和脱离生活的。（何刚发）◢

18. 拉查达姆纳大道联排房屋

地点：曼谷
建筑师：C. 阿拜翁塞
设计/建造年代：1946

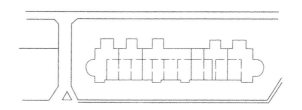

↑ 1 平面
↓ 2 用几何形状创造虚实和亮暗对比

从1868年起，泰国的发展政策是吸取西方文明。随着社区越过皇宫伸入街道，建造了大批联排房屋和骑楼供泰国人和外国商人居住。这些建筑后来出于工作方便转为政府机关所用。

在泰国1932年革命之前，有一批公费或自费出国学习建筑学的学生学成回国，成为公务员，在政府部门的设计室工作，以替代已为数不多的外国建筑师。所以，在拉查姆

↑ 3 主交叉点上的转角房屋
↓ 4 几何形体的联排房屋用混凝土遮阳板

纳大道上的房屋都是由从法国回来的泰国建筑师设计的。

这些建筑的设计都采用了西方建筑形式，但强调地方气候条件和有效利用空间。建筑设计提倡简单，不追求装饰细节。一个明显特征是在外窗之上用水平遮阳以防暴晒。垂直和水平的混凝土板既用来遮阳，也作为装饰。在道路转角的建筑形式具雕塑性。除联排的中央部位外，建筑在体量上没有踏步式的变化。开口都强调自然采光，严格服从功能需要。翼板涂以象牙色的质感漆，窗框则涂深棕色。（*D. 布纳格/S. 朱姆赛依*）◢

↑ 5 曼谷第一条大道上的骑楼式联排房屋
↑ 6 联排房屋中央的简洁立面

图1由 D. 布纳格提供，其余由天际工作室提供

19. 联邦大厦

> 地点: 吉隆坡
> 建筑师: B. M. 艾弗森
> 设计/建造年代: 1951，1952—1954

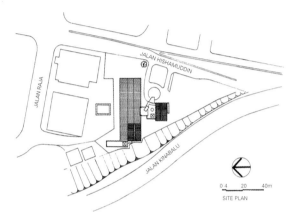

← 1 场地平面
↓ 2 入口厅和楼梯间内
　　景（由曾文辉提供）
→ 3 从西萨穆丁街看的
　　外观（由马来西亚
　　情报部照片图书馆
　　提供）

联邦大厦是在马来西亚取得独立前三年建成的。它的设计产生于一次由政府组织的邀请性竞赛。它由两个八九层高的建筑物组成，用一中央塔楼［内设主要楼梯、电梯间和84英尺（约26米）高的入口厅］连接。

本建筑采用钢筋混凝土结构，配置统一跨度和大小的节约型次梁与楼板。屋顶用轻质钢筋混凝土曲线板，空心砌块隔热。雨水从檐沟经贴在柱面的竖管排出，檐沟沿曲线板的边沿设置，由成对的边梁支撑。

标准层为16000平方英尺（约1486平方米），属开敞式空间，用灵活隔断分隔。另一项先进措施是可灵活布置的电话和电器装置。除室外停车场外，最初的设计还考虑在半地下室停30辆汽车和200辆自行车。

立面设计用钢框架，中间填充绿色不透明玻璃（Vitrolite）墙板，这在吉隆坡也是首次使用。在每一开间中央有一法式落地窗，窗的上面设统长的百叶式顶窗，可向楼内地面投入足够的自然阳光。实心砖墙面加粉刷及装饰性腰带；前部山墙上有金叶形玻璃马赛克装饰。在实心砖山墙的边沿有穿孔式的孔洞。入口雨篷上的连续玻璃窗有曲线形的多层翼片遮阳。过去的马来亚联邦公务员还能因这栋建筑的不寻常屋顶设计而记

得它的雅号——"荷兰马厩"。（曾文辉）

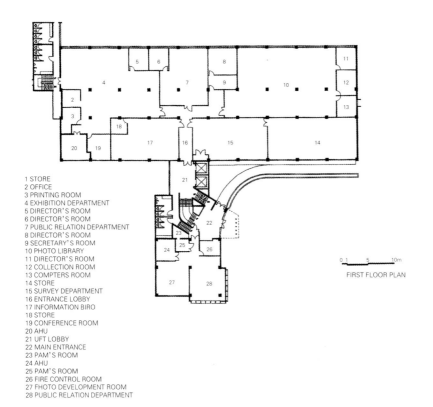

1 STORE
2 OFFICE
3 PRINTING ROOM
4 EXHIBITION DEPARTMENT
5 DIRECTOR'S ROOM
6 DIRECTOR'S ROOM
7 PUBLIC RELATION DEPARTMENT
8 DIRECTOR'S ROOM
9 SECRETARY'S ROOM
10 PHOTO LIBRARY
11 DIRECTOR'S ROOM
12 COLLECTION ROOM
13 COMPTERS ROOM
14 STORE
15 SURVEY DEPARTMENT
16 ENTRANCE LOBBY
17 INFORMATION BIRO
18 STORE
19 CONFERENCE ROOM
20 AHU
21 UFT LOBBY
22 MAIN ENTRANCE
23 PAM'S ROOM
24 AHU
25 PAM'S ROOM
26 FIRE CONTROL ROOM
27 FHOTO DEVELOPMENT ROOM
28 PUBLIC RELATION DEPARTMENT

0 1   5   10m

FIRST FLOOR PLAN

← 4 二层平面
↓ 5 剖面

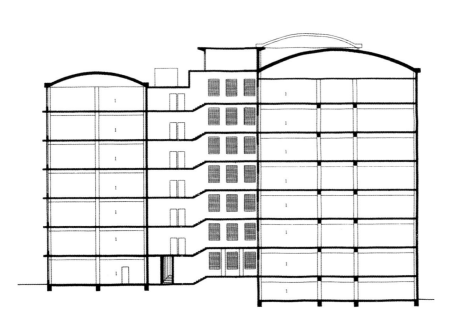

20. 亚洲保险公司大楼

> 地点：新加坡
> 建筑师：黄庆祥
> 设计/建造年代：1954

对从英国留学回来并带回现代主义和装饰艺术的新加坡建筑师来说，亚洲保险公司大楼是当时的最高建筑，也是黄庆祥在新加坡设计的第一栋建筑。这栋装饰艺术风格的建筑位于拉福斯码头和芬蕾森绿地之间。灰棕色大理石的外装修在多年后仍然良好。它的水平遮阳和踏步式屋顶显出明显的特征，使它到今天仍然突出于许多更高更大的近邻建筑之间。（何刚发）

→ 1 外观近景

↑ 2 外观

照片由何刚发提供

21. 李延年大楼

地点: 吉隆坡
建筑师: E. S. 库克
设计 / 建造年代: 1949—1959

以屋主的名字命名的18层高的办公大楼占有屯霹雳路与杭勒丘路及拉加朱兰路（路名均为音译——译者注）交叉点的地段，是20世纪50年代和60年代初马来西亚的第一代最高建筑。它在1949年开始规划时为八层，以后随物主的意愿而不断变化其设计。

底层高出地面，带有一中间夹层，内设一银行，其入口在屯霹雳路和杭勒丘路的转角。从另一入口可进入电梯间并可直接通向屯霹雳路。主楼梯沿着双电梯的三面盘旋而上。办公层的组成各层不

↓ 1 从拉加朱兰路看到的建筑外观（曾文辉提供）

←2 从空中俯瞰的建筑
外观（马来西亚情
报部照片图书馆提
供）

同，第16层是屋主的办公层。卫生间与其他服务设施都布置在拉加朱兰路一侧。半地下室内有机房和储藏室。没有停车场。

　　碎裂的体量和各向不同的立面使本建筑在其类别中独一无二。两个不同的沿街立面在路角用一塔楼连接。沿杭勒丘路的立面有二层基座，设箱形窗，其上为退后的楼层。沿屯霹雳路立面的下12层是用常规的玻璃幕墙，上面的六层则碎裂为三个互相叠合的盒体，配箱式边框的带形窗。

　　原来的交叉式几何形体碎块和不同材料的立面处理分别显示了公共、办公和私人的三种功能。这种手法在欧洲20世纪80年代的解构主义建筑出现之前尚属罕见。在马来西亚，李延年大楼至今也尚未见与其相似者。（曾文辉）

↑ 3 从杭勒丘路看到的建筑外观（*New Straits Times* 提供）
↓ 4 从杭勒丘路看到的建筑外观（曾文辉提供）
→ 5 从屯霹雳路看到的建筑外观（曾文辉提供）

第 **10** 卷

东南亚

1960—1979

22. 国会大厦

地点: 吉隆坡
建筑师: W. I. 席普里
设计 / 建造年代: 1957—1960, 1960—1963

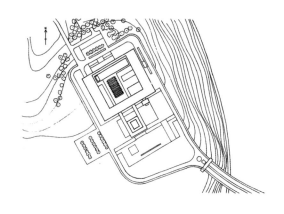

↑ 1 场地平面
← 2 塔楼外观

与独立后许多第一代建筑一样,它们都是马来西亚第一任总理T. A. 拉赫曼所策划的。为符合一个新独立的民主国家所需要的形象,建筑语言被选定为国际风格。它位于花园湖区的小山顶,能到处看到。建筑物处于整齐的草地、水池和被修剪过的植物之间。大厦有一处检阅场,供迎接国宾和重要人物之用。

设计构思沿用纽约利华大厦的基台—塔楼模

式。建筑沿西北—东南轴线对称布置了平台式底层基座和上部的18层高的塔楼。从大基座升起的主轴对称型的塔楼用引人注目的三角形折板结构，用11个小尖塔像手风琴似的连接，以象征本国最初的11个州。下面是众议院（Dewan Rakyat）；参议院（Dewan Negara）设在附近一栋小一点的建筑内。立面上突出的特征是预制混凝土的遮阳格栅，它们在格式和尺度上创造了一种高雅的气度。（曾文辉）

1 Rest Area
2 Office
3 Dewan Negara
4 Cafe
5 Specular Room
6 Courtyard
7 Reporter Room
8 Store
9 Dewan Rakyat
10 Lobby
11 Un Lobby
12 Canteen
13 Rinance Deportment
14 Administration Office

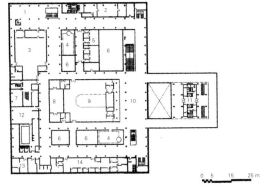

↑ 5 众议院内部
← 6 底层平面
↓ 7 剖面

图 3、图 5 由马来西亚情报部照片
图书馆提供，其余由曾文辉提供

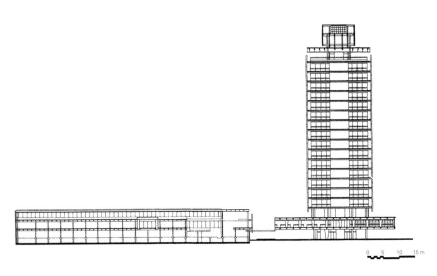

23. 新加坡会议厅与工会大楼

▌ 地点: 新加坡
▌ 建筑师: 马来亚建筑师事务所
▌ 设计 / 建造年代: 1965

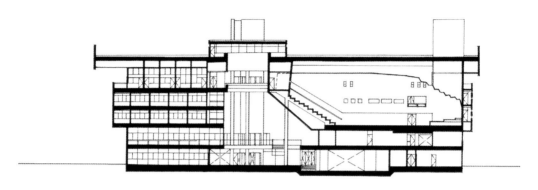

↑ 1 剖面
↓ 2 外立面细部

本建筑的设计是根据1961年宣布的设计竞赛,由马来亚建筑师事务所(由留学英国的三位建筑师林苍吉、曾文辉、林少伟组成)赢得。这项竞赛的意义在于它是新加坡在第二次世界大战后首次按照英国皇家建筑师学会的条件组织的。

建筑内容包括会议厅和全国职业工会大会的办公室。它的顶部是一个向上翘起的、驾临一切的蝴蝶形悬挑屋顶,由方形柱

← 3 外观一
→ 4 底层平面

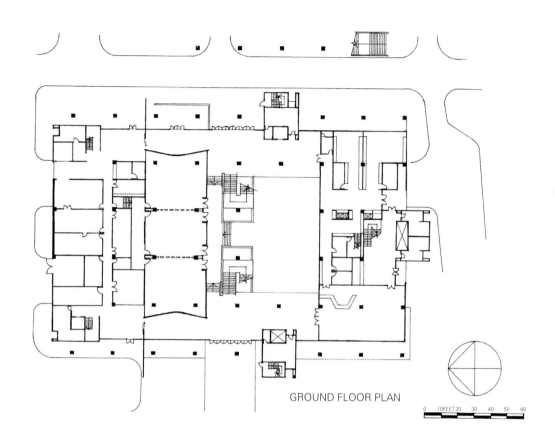

GROUND FLOOR PLAN

0 10FEET 20   30   40   50   60

和五个整体式楼梯及电梯
井体作为支撑，它们对称
地布置在沿南北轴线的屋
顶翘起边沿。建筑分两个
组成部分：在北端，是会
议厅和自然通风的前厅，
延伸到分隔内外的玻璃墙
体以外的挑出平台；在南
端，是工会的办公室，在

三层至四层有一资料库。

在这两部分之间是一
个大的中央空间，直达屋
顶，日光通过中间缺口透
入。从功能上说，这个空
间的底层用作短期展览。
入口方向垂直于对称轴
线，形成会议厅东西面之
间的过道。在这个过道上

设两个对称布置的楼梯，
通向二层的过道，再通
往三层礼堂的前厅。前厅
壁上有多种受马来传统织
毯（用露兜树叶织成）的
图案和色彩启发的彩色玻
璃马赛克的主题装饰。在
工会大楼的一段，墙体直
接暴露在外，用深色印茄

↑ 5 入口外观
↘ 6 外观二

木（merbau）做成百叶，放在柱列后面，形成另一层次。在这里，新的建筑手法层出不穷：结构的简洁明了，围护结构与承重结构的分离，各种交叉要素以及划分各空间的平面的清晰与流态的构图，底层的自由度（部分形成过道）以及由大面积玻璃墙所形成的模糊界限等。

新建筑的主要标志——屋顶花园——则由于评委认为"过头"，以及一般外来者看不到它而被业主取消。驾临一切的向上翘起的悬挑屋顶看来似乎不符合本地的暴雨和炎热气候条件。按曾文辉的说法：这是对传统马来房屋的大挑檐的一种再阐释。马来屋顶是向下垂以迅速排出雨水的，因此向上翘的蝴蝶屋顶似乎不是

合理方案。它的作用是使下面的玻璃立面经常处于阴影中。其结果是能避免反射光，使外人能通过有遮阳的玻璃墙面看到内部深处，从而使室内景色能显露在外。事实上，视线可一直穿过建筑而看到停车场。这样一来，所有的结构、"墙"都好像消失了或显得无关紧要，而这正是东南亚传统建筑的一

个特征，即屋顶显得很突出，而墙只是不承重的填充体。如果承重与否是主要的，那么，不承重的就无关紧要了。从美学角度来说，立面的各部位在一天内随阴影的转移而变更，也给它添加了维度。这种美学是透明度和反射性上的层次性。这就唤起了热带地区的阴影美学，使其在烈日炎炎下产生丰富的色调。勒·柯布西耶在昌迪加尔所采用的典型手法，就是调节光与影、虚与实，特别是通过"brise-soleil"的使用。在这里，这些手法被细心地吸收并转换为透明度和质感性的层次化，从而取得了某种质感的品位。此外，从原方案中被取消的还有前院中的大型反射池，见之于主立面的鸟瞰图，它为主建筑增添了公民性与尊严。

现在，尽管四周都建起了高楼大厦，会议厅仍然比与它相邻的大得多的建筑更醒目。它的超越时间的品质经受了时间的考验。（何刚发）

24. 西哈努克城

> 地点：金边
> 建筑师：V. 波迪盎斯基、G. 汉宁、V. 莫利安
> 设计 / 建造年代：1963—1964，1964—1965

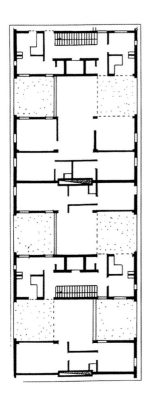

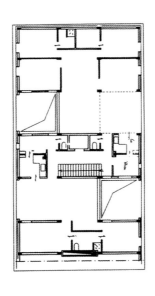

↑ 1 公寓平面图（由 F. 佩菲梯尼提供）

⇥ 2 西哈努克城在 20 世纪 60 年代建成时摄制的空中俯视照。右上角为带内院的建筑，左下角为较低档的居住单元（由 B. B. 泰勒提供）

西哈努克城是在 1964 年作为沿巴萨河和湄公河河岸向南发展的首都建筑群的一部分而建造的。它有约 300 户居住单元，安排在两栋平行的多层建筑内，中间隔有一个公园。在一栋公寓和河之间，设有一个公共中心，内含剧院和展览厅。总的看来，它的城市规划和公寓类型都是起源于欧洲的现代运动，是国际现代建筑协会（CIAM）理性主义城市设计在法属印度支那的一个稀有成果，甚至是唯一的范例。它的设计人是勒·柯布西耶的亲密助手 G. 汉宁（1919—1978 年）

和V.波迪盎斯基（1898—1966年），二人均于柬埔寨独立后以联合国顾问身份来金边。汉宁从1959年至1963年居住在这里，而波迪盎斯基则是断续造访。

位于巴萨河岸的第一栋含160个单元的建筑是为较上层的公务员设计的；第二栋离河岸稍远，在单元数量和面积上均小于前者，服务对象是较低层次的公民。然而，二者有同一结构，并都面向东西，以达到最充分的通风。高档的单元配有内院，低档的配平台，以适应柬埔寨的热带气候。

和本项目建筑师在卡萨布兰卡设计的蜂窝住宅一样，这里的设计也反映了当地的文化和生活习惯。和穆斯林居民相同，这里的农村居民，甚至城市居民都习惯于在室外做饭，因此厨房总是紧挨内院。此外，人们一般不是从走廊或前室进入居所，而是从内院（通常有两层高）进入一端开放的起居室。最私密的房间，如卧室，离入口较远。最后，和许多立帖式的民居一样，这里的底层也不设住房，而是安排小型商店或其他活动空间。

结构采取梁柱型框架混凝土，以适应开放的底层和高庭院；填充用砖，加粉刷。楼板是混凝土的。门和窗框用木料。

与独立后其他住宅建筑不同，它是由政府的公共部门养老管理局投资的，以13年的抵押出售一部分，其他出租。

尽管它是外国人设计并在他们离开后建成的，本项目仍然以其适应非欧洲文化的热带地区的建设经验为基础而受益。它对东南亚地区的示范作用由于30多年的战争和破坏而未能体现，以至外界对它一无所知。它只是最近才被人们重新发现，包括对它的一位当地主要建筑师莫利安的了解。（B.B.泰勒）

参考文献
：

本材料主要根据法国巴黎美丽城国立高等建筑学院学生F.佩菲梯尼的毕业论文。

25. 国家清真寺

‖ *地点：芙蓉市，森美兰州*
‖ *建筑师：马来亚建筑师事务所*
‖ *设计/建造年代：1963，1966—1967*

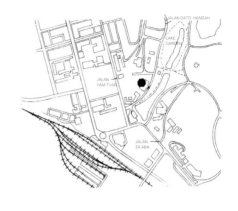

↑ 1 位置图
↓ 2 祈祷厅、壁龛、讲坛和穿孔板及窗的细部

森美兰州的国家清真寺是1963年举行的全国设计竞赛的成果。它位于芙蓉市（州首府）中心的花园湖风景区内。由于该州的名称在马来语中是"九个州"的意思，故升高的祈祷厅是九边形的，有九个锥形断面的屋顶在中央相遇，其外边则少许翘起。在其外围又重复这一模式，即用九座细长的U形塔设在各边的中间，形成翘起屋顶的外围支撑。每边中间的九座较小的尖

↑ 3 外观
← 4 剖面

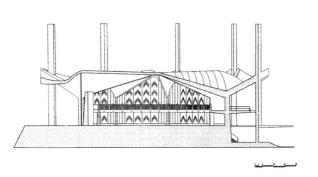

塔支撑了供妇女祈祷的上廊，这种隔离是伊斯兰教的教规。为了突出祈祷厅，次要设施均设置在主厅向外延伸的平台下的低室之中。高耸的拱券之间的开口都用长条的、穿以斜角形孔的木板填充。厅的周围设连续带窗。除锥状壁龛和一个简单讲坛外，祈祷厅内别无他物。整个结构均为白色装修。这种简单的空间设计意在强调宗教信仰的单一性。

（曾文辉）

↑ 5 展廊外观
↓ 6 上层平面

图 3 由 D. 哈希姆提供，其余由曾文辉提供

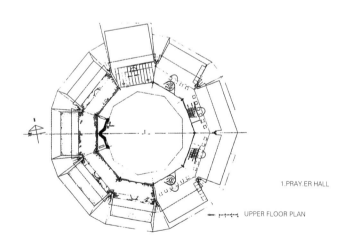

1. PRAY.ER HALL

UPPER FLOOR PLAN

26. 马来亚大学地质馆

║ 地点: 吉隆坡
║ 建筑师: 马来亚建筑师事务所
║ 设计/建造年代: 1964—1966，1966—1968

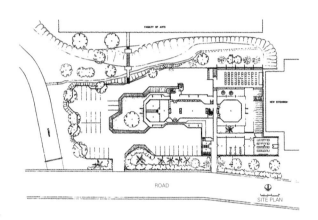

→ 1 场地平面
↓ 2 从西看的外观

地质馆位于科学系建筑群之外，沿南北轴设计为三个平行而又相连的建筑；用一走道联系单层的北馆与二层的南馆，在它们和位于西端的三层主馆之间形成了两个非正式的庭院，以及在道路和入口之间的过渡性前院。

中央建筑的体量明显呈现出三个空间层次。顶层的三个大实验室（无柱）形成"屋顶"，挂在结构下的是二层的研究和教师用房，而底层则是行政用房、

↑ 3 从南看的外观
↓ 4 等轴视图

报告厅和博物馆。钢筋混凝土不加任何粉刷。三对全高的支柱支撑了一根大梁，用以悬吊中间层。另外六对形成主馆的东西脊椎，其中通过管道。

设计中充分考虑了遮阳，主馆的三层楼面退后，底层设金属百叶。屋顶的细部处理允许自然阳光的透入。用植树增加阴影，并与校园其他部分分离。在教授们的记忆中，"这是校园中的最佳建筑"。（曾文辉）

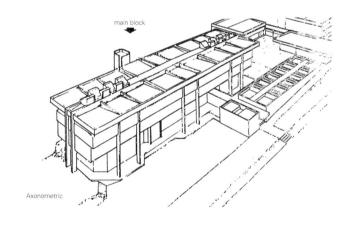

main block

Axonometric

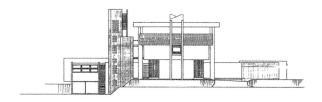

↑ 5 入口前院外观
← 6 立面
↓ 7 剖面

图纸和照片由曾文辉提供

27. 演艺剧院（菲律宾文化中心）

> 地点：马尼拉
> 建筑师：L. V. 洛克辛
> 设计/建造年代：1969

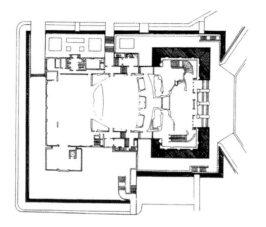

← 1 平面

于1969年建成的演艺剧院的建造目的是体现菲律宾文化遗产，企图表现一个民族以一种文化共同工作的愿望。所以，从该剧院立项起，就肩负了作为菲律宾文化发展和表达的象征的责任。为此，建筑师就不仅要满足功能的要求，还要在城市景观中创造一个纪念碑。

演艺剧院是洛克辛在现代主义文脉中体现菲律宾建筑艺术的主要作品之一。在设计中，他创造了双重意象：一个飘浮在地面以上的硕重实体。这种看似矛盾的主题既表现了尺度和体量的纪念性，也显示了形式的轻巧和大方。剧院的基本形态是一个由凝灰岩包裹的矩形方盒飘浮在一个平台之上。平台底部有一反射池，成为总构图的前景。

剧院内有主观众厅、小型剧场、排演厅和办公室。它分为两块：一块是舞台部分，放在一方块内；另一块是前厅、客厅和主剧场，放在一悬挑的大型矩形方盒内。前厅从地面升起，用一条庄重的斜坡道进入客厅。外面的方块由曲线柱支托，似乎是在重量下弯曲，加强了主体结构的轻浮感。

剧院的外表形象是有力、庞大又优美，立面上的所有要素都集中体现和强化一点——大型、飘浮的实体。包裹前厅的凝灰岩的选择极为精彩，因为它的轻淡色彩和光滑表面恰好与下面粗壮的平台基

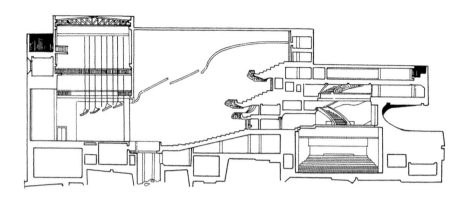

↑ 2 纵向剖面
← 3 大厅
→ 4 入口

座形成对比。后者用粉碎的海贝壳和珊瑚掺入混凝土内,加上垂直凹槽,显出深暗的质感。二者的对比更突出了悬挑部分的视觉力量。主板由曲线柱支撑也提供了一种塑形感,使上面的主体好像是从基座上跃起来的。

色彩、材料、质感、对比等手法可以追溯到民间的草屋。在这里,沉重的屋顶由细长的竹竿支撑。这种飘浮实体的形象在洛克辛的其他作品中也

↑ 5 正立面
↳ 6 横向剖面

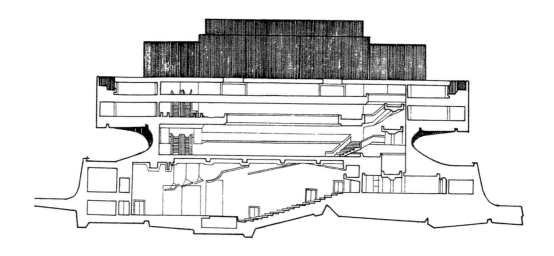

有出现。它是走向地方主义和具有强烈菲律宾特征的建筑创作的重要表现。

在室内，洛克辛更直接地表现菲律宾文化。尽管用的是现代语汇，他大量采用地方材料就明显地体现了走向地方主义的趋势。客厅顶上悬挂的卡皮斯吊灯就是西方传统的地方化，半透明的卡皮斯灯给大厅带来一种亲切感，同时又保持了其庄严感。大楼梯和自动扶梯的栏杆同室外一样采用了掺海贝壳和珊瑚的混凝土。在墙上是由菲律宾艺术大师们制作的壁毯和壁画，统一表现了本国的文化，特别是由美术大师H.R.奥堪坡制作的红橙相间的壁画更富有菲律宾特色。与这幅壁画成对比的是，用胶合木和铜丝网织成的内墙给人以竹编墙的感觉，连竹子的节点也富有节奏感地以交替的水平线条表示。主剧场中的包厢也是挑出的，在这里，混凝土的箱体与周围的柔性织物也形成对比，创造了一种令人难忘的空间意境。

总的说来，演艺剧院和其他伟大建筑一样，生成了其存在的意义，而成为一个成功的建筑形象。它的强有力的建筑、各种概念的表演和对比、各种材料的创造性使用都反映了菲律宾文化的杂交性。这种个性化使建筑能继续体现一个民族的艺术愿望。（F.马诺萨）

28. 帕纳班杜学校教室与宿舍楼综合体

> 地点：曼谷
> 建筑师：昂加德事务所
> 设计 / 建造年代：1969—1970

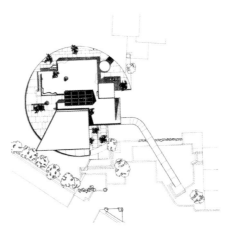

↑ 1 场地和屋顶层平面
← 2 从斜道看建筑各部分
↗ 3 西立面

由于教室的缺乏，而产生对这座球形多功能建筑的需要，但是现有的场地过小，只在其南端的路边有块三角地。最初的设计构思是一栋面向道路的两层矩形建筑，然而从模型看，这一方案过于拥挤，并且从路上看去，老建筑几乎难以识别。于是产生了新的无前无后的圆形方案，每一边都可以是前立面。由于它的简单，使圆形方案成为最适宜者。

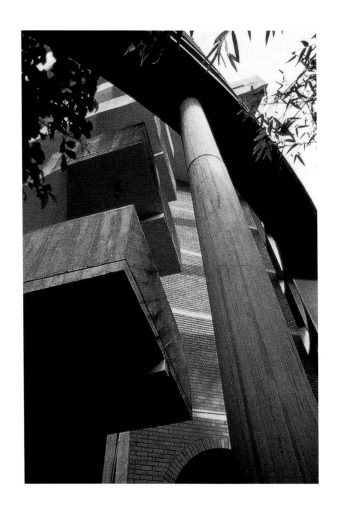

建筑内各组成部分相互叠置，在垂直面上，每一层次占有圆的一部分。因教室必须是四方形的，这就在矩形柱网之外产生弧形外翼，被用作遮阳设施。这些暴露的混凝土遮阳板在外墙上产生多种阴影。整个建筑包括教室、学生宿舍和办公室，顶层用作会议室。建筑中的混凝土和砖墙均无粉刷。

（D. 布纳格/S. 朱姆赛依）◣

↑ 4 各建筑要素：楼梯、柱、遮阳和礼堂体量
← 5 剖面

照片由 Piboon Patwichaichoat 提供，图纸由
D. 布纳格提供

29. 英国文化协会大楼

> 地点: 曼谷
> 建筑师: S. 朱姆赛依事务所
> 设计/建造年代: 1969—1970

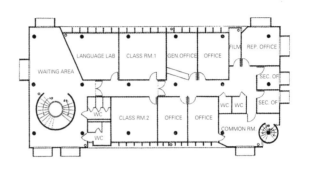

↑ 1 三层平面
↓ 2 楼梯塔的新色彩

美国1970年10月号的《进步建筑》(*Progressive Architecture*) 对它的评论为:"英国人可从一栋建筑的设计中摆脱其拘谨习气: 曼谷的英国文化协会大楼, 建筑师在这座三层高的建筑中采用了多种手法, 使建筑看来像是个装配玩具包。建筑中央部分和顶层的立面装修用的是灰色的马赛克, 由两边的两个重型楼梯塔夹在中间, 它们似乎是承载了一层和三层楼面。内部的色

↑ 3 新色彩的建筑外观
↓ 4 立面

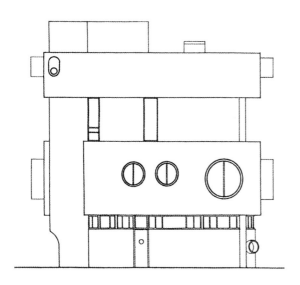

彩用红蓝相间的柱网，与
其他建筑部件（门、窗、
隔断等）好像毫不相关。"

　　在1996年，英国文
化协会迁入新址，这栋老
建筑后改为一家音像制品
店。原来的平面布置和色
彩已做较大变更，但立面
基本照旧。总的说来，尽
管有此变化，原来的游
戏和欢乐气氛仍然保留。

（D. 布纳格/S. 朱姆赛依）

↑ 5 原来色彩的建筑外观
→ 6 底层平面
↓ 7 立面

图 2、图 3 由天际工作室提供，
图 5 由 SJA 有限公司提供，其余
由 D. 布纳格提供

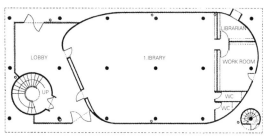

GROUND FLOOR PLAN

0 1   3   5

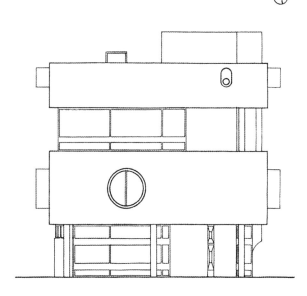

30. 人民公园建筑群

地点: 新加坡
建筑师: 合伙设计事务所
设计 / 建造年代: 1973

人民公园建筑群是1967年新加坡城市再开发局（URA）在其第一期售房计划中出售的14个小区之一。它是由林少伟与郑庆顺（Tay Kheng Soon）组织的合伙设计事务所设计的。这组31层高的建筑群首次在东南亚采用了多功能的概念和基座加板式上层的城市方案，为后来的许多社区设计提供了样板，在当时是超前的。底部的三层作为购物中心至今仍是新加坡的一个繁荣市场。它的有覆盖的城市空间吸收了许多唐人街（就在其对面）的节日气氛。现在人们正在对它

← 1 内景
↑ 2 外观

照片由何刚发提供

进行更新，诚望原来的建
筑特征能得到尊重，而不
致像许多新加坡的老建筑
那样，被改得面目全非。

（何刚发）◢

31. 金里程建筑群

地点: 新加坡
建筑师: 合伙设计事务所
设计 / 建造年代: 1973

本项目（原名和合建筑群）是新加坡再开发局在其第一期售房计划中出售的14个项目之一。由林少伟与郑庆顺负责的合伙设计事务所在对它的设计构思中没有把它作为一个孤立的建筑看待，而是作为在海滨路上许多中庭相连和延续的带状建筑群的一个组成部分。不幸的是，这一雄伟设想没有在其后的开发中被接受。它的斜立面竖立在原来是海后来变成公园的场地上，使其中庭取得了一种在新加坡20世纪70年代早期所罕见的动态感。可惜建筑的维护很差，加上进来

← 1 外观一
↑ 2 建筑的斜立面
↓ 3 外观二

照片由何刚发提供

了很多廉价商店，使建筑物外部和中庭遭到了无可挽回的损失。全今它仍然成为一栋超前适应快速城市发展的重要先例而傲然竖立在这个城市。(何刚发) ◢

32. 菲律宾国家艺术中心

地点: 拉古那, 洛斯巴尼奥斯, 马基林山
建筑师: L. V. 洛克辛
设计/建造年代: 1976

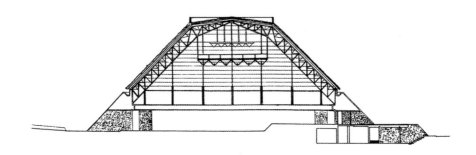

↑ 1 剖面
↓ 2 细部

本项目主要目的是培育年轻有为的艺术家, 使菲律宾的文化遗产能持久保存。中心位于马基林山山顶上, 包括剧场、村舍、俱乐部/社交厅以及餐厅。在整个组合中最突出的是剧场, 它的座位数是灵活的, 内外最高可达5000座。它面临海峡, 能饱览马基林山和菲律宾最大的淡水湖——拉古那湖的风光景色。

设计师是L. V. 洛克辛, 这是他对祖国所做的众多巨大贡献之一。被命名为"国家艺术家"之后, 他的作品继续成为发展菲律宾文化的范例。他的卓越才能在于能用菲律宾的观点来继承国际风格, 使他的作品发展了一种强有力的菲律宾认同性。

本中心的外形使人想起伊富高人的房屋, 这是一种在菲律宾山区常见的构思机巧的建筑。它的主要结构是金字塔形屋顶, 支托在三角柱上, 但看上

↑ 3 空中俯视

去好像是升出地面似的。屋顶结构中的平面和质感得到巧妙的处理。支柱和屋顶上一条粗厚的水平带饰强调了水平性，赋予结构一种沉重感，却又被另一条贴面砖的中间带以及同一材料的封檐板所抵消。这就使屋顶被视为层次性的，减轻了总的重量感觉，并强化了整个结构的飘浮感。

金字塔顶削平。屋顶的斜坡在场地中的斜草坡和其他一些设施中重复出现。所有接触地面的部件都用人造石材，加强了结构从地面上跳跃而起升在半空的形象。剧场的三边对外开放，以便在结构之外增加座位，然而又保持了所有座位的良好视线。

室内设计以湖景为衬托。为了保证音响效果，建筑师采用了玻璃墙为外围，它可以将演出的音响反射给听众，同时提供室外景色。另外用了一系列可移动的屏风来反射声音，并遮挡玻璃墙，使听众在演出时能集中注意力。这种灵活性也是菲律宾空间处理的一个传统。主剧场的内装饰采用被称为"菲律宾红木"的硬木，给整个结构赋予一种温暖和亲切感。

建筑平面包括一个半圆形舞台，座位呈放射形布置。设置台口和大型后台支撑设施，有的放在后面的半地下室内。室内用木料，形状与室外类似，舞台部分留有足够空间。

建筑群中还包括104座村舍，组成五个组团。这些村舍都是民居形式，与自然背景协调相处。它们用作职员与学生的住宿、行政管理、个别练习和娱乐活动等。此外，还有餐厅/社交厅也可作为咖啡厅和俱乐部。这些结构中也配置了小型演出场所，供非正式用途。

这些支撑设施都提示了菲律宾的传统民居，它们都用立柱托出地面，并且广泛采用圆叶蒲葵（俗称Anahaw）作为统一装饰材料。总的说来，国家艺术中心是创造一种能捕捉民族理想的现代建筑的个性化产物。（F. 马诺萨）

33. 科学馆

地点：曼谷
建筑师：S. 朱姆赛侬事务所
设计/建造年代：1976—1977

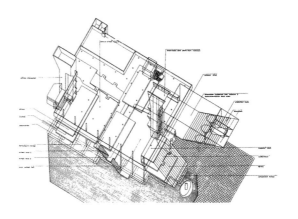

除了正规的展览设施外，本馆还是一个科学教育中心，全国各地的儿童轮流来此参观。科学馆建造在一座科学公园内，后者用于露天展览。公园的建造是根据曼谷对城市边角公园和开放空间的需要而提出的。

馆舍从科学公园进入，门口有一个巨型的悬挑雨篷。公众进入一个四层高的展览主厅，其中间层退后，以便观众能同时看到全部展览面积。上面的空间桁架可以悬吊展品。一座中央楼梯可引向上层的礼堂和教室，后面还有图书室和教师用房。后者组成一单间，从中央展览空间挑出在反射池的一角（供饮料等）之上。有一座人行桥从楼梯起跨越主展厅到上面的夹层，再引向后背的特种展厅。

本项目与常规的博物馆不同（后者总是像剧院一样，把前面可见部分与后面的不可见部分隔开），它的建筑师采用了一种

1 建筑的等轴视图
2 内部走廊

↑ 3 西北侧外观，挑出的外墙和垂直退后的外墙
↓ 4 巨型悬挑雨篷下的入口

"一眼看透"的设计手法。于是，夹层的展室被观望挑台所穿越，在挑台上能看到后面的储藏室、工作间、科学实验室、设计室、丝网印刷间和办公室等，让参观者能看到科学馆是如何工作的。实验室、工作室和办公室的墙都是玻璃的。（D. 布纳格/S. 朱姆赛依）

↑ 5 北面外观
↓ 6 立面和剖面

照片由 SJA 有限公司提供，图纸由 D. 布纳格提供

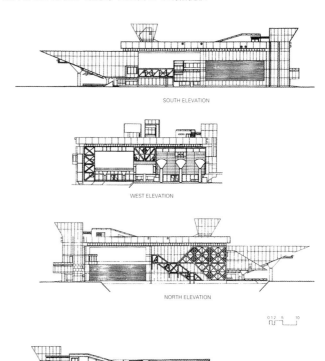

SOUTH ELEVATION

WEST ELEVATION

NORTH ELEVATION

LONGITUDINAL SECTION

DWG—05—1

东南亚

1980—1999

34. 美国银行大厦

地点: 曼谷
建筑师: R. G. 布吉事务所
设计 / 建造年代: 1983

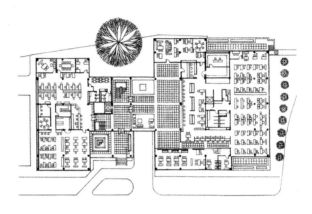

↑ 1 底层平面
↓ 2 能看到后面花园的顾客休息厅

建筑场址原来是一个公园，因此要求尽量保存已有绿地。在场地后面有一处水道和一棵必须保护的大雨林树。所以，建筑后面的轮廓是由树的位置决定的。此外，在正面主干道边上的行道树也予以保留。

业主要求建筑能代表他们的身份。场地周围道路沿边都是低屋，绿地很多。从这一环境和业主要求出发，本建筑也设计成低层的，并符合业主对内

↑ 3 外观
→ 4 立面一
↓ 5 立面二
↓ 6 剖面一

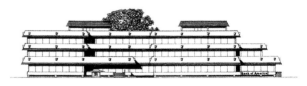

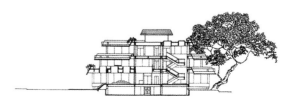

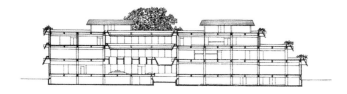

↑ 7 从主干道看的外观
← 8 剖面二

图纸由 D. 布纳格提供，
照片由天际工作室提供

部布局的要求。由于建筑与室内设计同时进行，所以二者之间取得了良好的协调。

建筑外形受植物位置的制约，减少了建筑的平面体量。建筑后缩在大的挑檐之下，其外形类似于当地的传统建筑形式。水平的贴凝灰岩的饰带和百叶遮挡了下面的玻璃面。外墙用多层玻璃起隔声作用。设计意图是采用最适宜的先进材料而又不影响建筑的居住类型的尺度。室内设计尽量做到开放，使用者可以欣赏到公园的气氛。室内地坪或铺地毯，或用与室外同样的凝灰岩。照明和室内各种自动化系统均用计算机控制。（D. 布纳格/S. 朱姆赛依）

35. 华联（译音）住宅

地点：吉隆坡

建筑师：林倬生（Jimmy Lim Cheok Siang）

设计／建造年代：1982，1983—1984

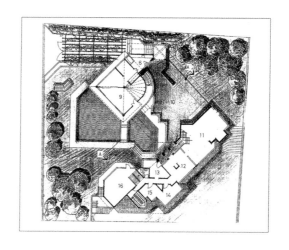

↑ 1 上部底层平面
↓ 2 屋顶构造一

华联住宅是一所私人寓所，它的L形平面是根据风水原理设计的，以西北—东南为轴。它位于城市西北居住区的一块傍山的幽静林地中，是一栋三层建筑，边上有客房，二者以一大的屋面做成中庭。设计师林倬生解释说："步行走道是有意设计的，使进入成为一个从景观走进私密和保安的过程。"为产生诱导风，在中庭上空的多层屋面高达50英尺（约15.2米）。风

←3 从起居室向上看主卧室

↑4 屋顶构造二

↓5 下部底层平面

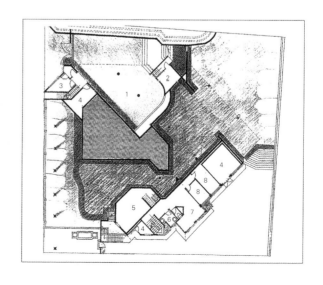

↑ 6 多层屋顶轮廓
↓ 7 室内屋顶细部

水中所不可缺的水从游泳池经一面斜墙瀑布似的流入下面的另一池内。中庭始终是风凉的，并能看到一片宁静的景色。建筑材料都是传统民居用的普通材料，许多是来自旧建筑拆下的木料和清水黏土砖墙。这栋建筑成功地把传统规划原理、地方材料和"赖特几何"巧妙地结合起来，产生了一种马来西亚的现代乡土风格。（曾文辉）

↑ 8 从停车处看西北立面
↓ 9 二层平面

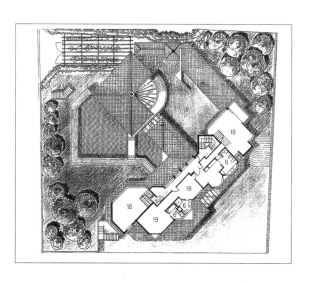

↑ 10 从西北看的屋顶外观
← 11 剖面
↓ 12 从东北高空看的建筑外观

图纸和照片由林倬生提供

36. 苏加诺—哈达国际机场

地点: 雅加达
建筑师: 索加诺与拉赫曼事务所
设计/建造年代: 1985

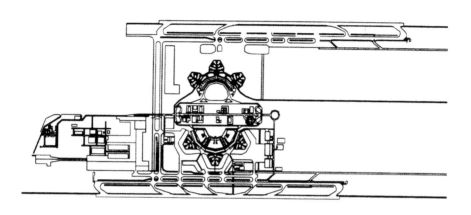

↑ 1 位置图

在本机场建成之前，雅加达有两个机场，一个是军用，另一个已超荷。政府从1969年就开始考虑扩大，但由于经济条件限制而不能实现。在1970年至1971年，由美国咨询帅拉尔夫·M.帕森做了可行性研究。1974年至1975年，由加拿大咨询公司（ACRES）做了总体规划。最终设计是由法国的P.安德鲁承担（1977年至1979年）。

场址的选择考虑了与雅加达的距离（约20千米）、风向（90%西风）和仪表飞行规则（IFR）的要求，与各方面均无冲突。场地总面积为1800公顷，有两条宽36米、长3050米的跑道，相距2400米。两条跑道可同时应用，旅客设施放在中间。它可以容纳波音747等远程客机，每条跑道每小时可受理37次，预计到2000年每小时可达67次。设计年旅客容量为900万人次（1985年），其中250万为国外旅客。总建筑面积约125000平方米。在第二阶段（1992年），总建筑面积将增加至250000平方米。

每条跑道有三个候机站，以扇形围绕一座离港厅，每个厅有七个候机室，均是等边二角形的，以缩短登机路线。离港旅客用上层，到港者用下层，互不干扰。根据国际民用航空组织（ICAO）与国际航空运输协会（IATA）规定，从停车场到飞机的行走距离最大为

← 2 离港口外观
↑ 3 候机站剖面
↑ 4 离港口剖面

300米，在候机厅内为200米。起先，其出发点是避免用皮带输送机。若干年后，仍然为方便旅客而安装了。每一候机站配可容纳800辆汽车的停车场，现在的总容量是4800辆。

休息室之间完全景观化，精心选择了许多热带常绿植物，其间点缀以假山和岩石，使人感到像是热带的日本庭园。景观之美，使本项目因此荣获1995年的阿卡汗建筑奖。

从一开始，设计就考虑人的尺度。它不必追求舒适和豪华，因为机场主要是供一次飞行，很少有转机者，旅客在此停留时间不长。然而，作为国际机场，它是国门，要表现印度尼西亚的艺术和文化，以及热带气候特征。于是，四个中间设柱的候机室（每个可容400人）都用30厘米直径的金属管作为椽子，放射形犹如爪哇传统的"pendhapa"结构。建筑师坚持要有场所感和印度尼西亚特色，因此屋顶都采用传统的佳格洛（joglo）式的踏步，人们从远处就可看到。这种手法也符合节约投资的原则，其结果是一系列踏步式屋顶的小建筑成簇地组合在一起。从这些休息室，旅客可方便地通过天桥登机。最初的设计中，上层过道只用了水平百叶，在雨季，雨水水平地飘入。后来就改为玻璃墙，既挡风雨，也隔声响和热带昆虫。原来的自然热带设想也就付之东流。（Y. 萨利雅）

← 5 到港休息室室内
↑ 6 到港口外观
↓ 7 大楼梯和雕塑
→ 8 室内

图纸和照片由 Y. 萨利雅提供

37. 机器人大厦

> 地点: 曼谷
> 建筑师: S.朱姆赛侬事务所
> 设计/建造年代: 1986

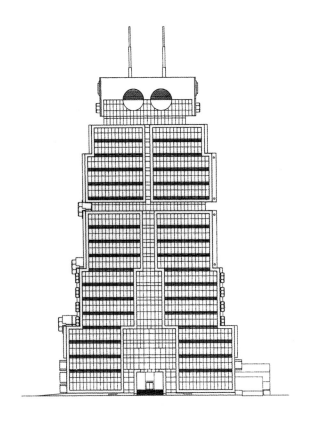

↑ 1 北立面
→ 2 从东北看外观

当时, 亚洲银行的董事属于新一代的银行家, 也许是最年轻的。他们希望本建筑能反映新的一代, 并呼唤出一个计算机银行管理的新时代。他们得到了自己所期望的, 并且在无意识中成为建筑设计中的一个转折点。出现的是一个像机器人的形状, 人们现在给它取了各种名称: 用户友善, 21世纪, 后高技派, 等等。

尽管设计带有某种幽默感, 它却是一次严肃的理论探索, 同时在符合城市严格的结构和空间规定方面也是一次实际的运作。事实上, 机器人的体

↑ 3 西面的齿轮细部
← 4 等轴视图

LIGHTNING ROD

COOLING TOWER

MACHINE ROOM
a WATER TANK

EXECUTIVE FLOORS
a
PENT-HOUSE SUITE
GARDEN TERRACE

OFFICES

W.C.'S a LIFT LOBBY

FIRE STAIRCASE

CANTEEN

OFFICES

ESCAPE HATCH

ACCESS DOWN
TO DEPOSITS
STORING ROOM

OFFICES ENTRANCE
CAR PORT

BANKING HALL

ENTRANCE PORTICO

形恰好符合城市有关退后的规定，即四边都要在18度的倾角线之内。

该建筑设计堪称后高技，因为它对机器的阐释不是以机器人的机械部件表示，而是以包装风格化的最终成品出现的。机器人的眼、臂、膝、胸、腿都是抽象的（然而又不是非人性的），尽管有螺钉、螺帽、齿轮之类的机械零件，它们也不是真实翻版，而是抽象化的。

开始时还专门设计了照明装置，使"眼睛"能在晚上"闪烁"，成为自动控制的飞机夜间降落指示灯，也是机器人交响曲的电子乐调。（D. 布纳格／S. 朱姆赛依）

↑ 5 大厅内部
↓ 6 南立面

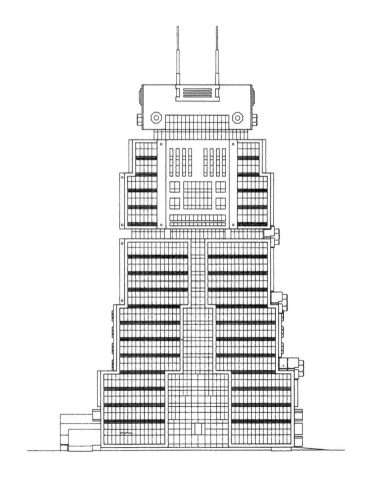

← 7 大厅入口处的雕塑
↑ 8 后立面（西南）
→ 9 前立面（北）夜景

图 2 由 SJA 有限公司提供，其余由 Profile
提供

38. 五月银行大厦

地点: 吉隆坡
建筑师: H. 卡斯图里事务所
设计/建造年代: 1979, 1982—1987

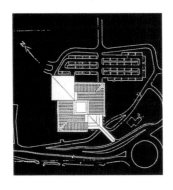

← 1 位置图
↓ 2 中庭与银行营业厅
↗ 3 外观

作为一次国际设计竞赛的结果,五月银行总部由两个相交的方块组成,所形成的中间方块被十字形的通道分割,通向办公室和电梯间等核心设施。两个相交的入口角的顶盖下是高大的营业厅和入口前厅,从街上进入的楼梯和自动扶梯构成了沿南北轴的强有力的斜线。

这座54层大楼的最下面12层向外展开,而最上面九层又向上斜成尖刀般的屋顶线。从下而上

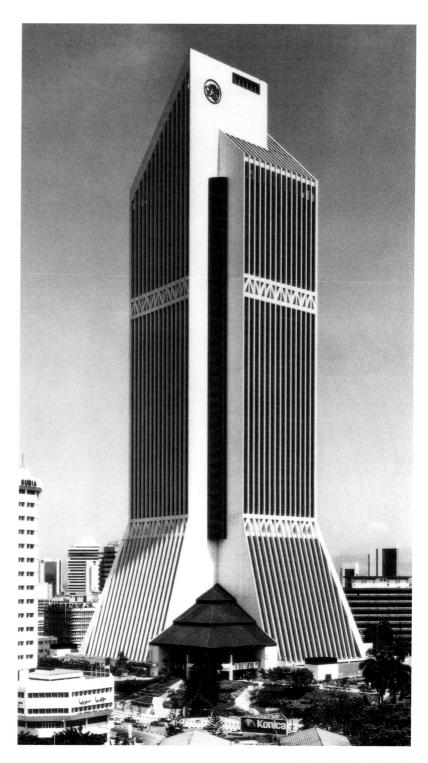

↑ 4 入口处屋顶
↓ 5 中庭与银行营业厅

整个建筑显示了力量和权势——作为全国首家银行的重要特征。

入口处的分级斜顶的形象取自有层次性的乡土建筑。设备层的大梁形成折线模式，犹如民间的织布，提供了一种尺度感，与垂直的窗间柱成对比。

大厦位于市中心的一座小山顶，它宽敞的8英亩（约3.2公顷）大小的场地被精心地景观化，并细心地与停车场和人行道相结合。地下室可停车1700辆。这栋高楼成为后来几代高层建筑的先驱。

（曾文辉）◢

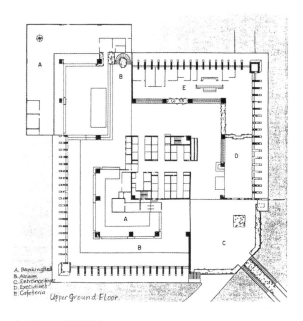

↑ 6 底层上部平面图
← 7 剖面
↓ 8 标准层（第 15 至第 35 层）平面图

图纸和照片由 H.卡斯图里事务所经曾文辉提供

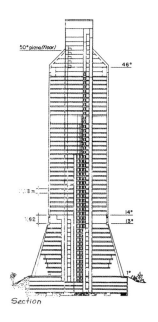

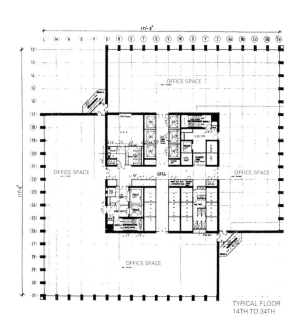

39. 中央商场和中央广场

▌ 地点：吉隆坡
▌ 建筑师：W. 林事务所，曾文辉
▌ 设计／建造年代：1985—1986，1987—1988

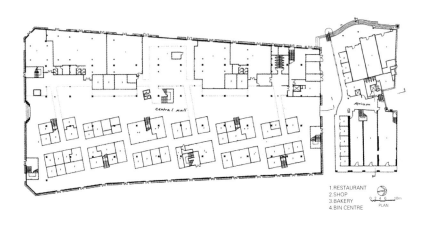

1.RESTAURANT
2.SHOP
3.BAKERY
4.BIN CENTRE

↑ 1 平面
↓ 2 从克朗河看中央商场

在吉隆坡市中心唐人街进行的本工程两期旧房改造扭转了20世纪80年代流行的"拆掉重建"的观念。

吉隆坡的有50年历史的水产市场一度面临拆除的境遇，一位私人开发商提出要在此建造一个伦敦科文特花园式的工艺美术和食品中心，以实现保持和适应性改造的目的。铺面的高度足以在其半个长度上设一中间层以容纳六组二层商铺，并用三座

天桥跨越中间顶部采光的大厅。它外包的装饰艺术风格的箱体保持不变，仅加以清洗和重漆。河岸成为人行道，使之景观化以供室外就餐，并设一小戏台做公共演出。从第一天起它就获得了商业上的成功。

开发商继而要改造紧临中央商场以北的四栋跨20世纪的骑楼建筑，插入新的防火层，更改屋顶，更新所有设备。其后巷作为中庭加顶，与再生的前

↑ 3 中央广场与中央商场
↓ 4 中央广场立面

south elevation

west elevation

east elevation

← 5 中央广场修复的骑楼商店
↓ 6 场地平面
↓ 7 剖面

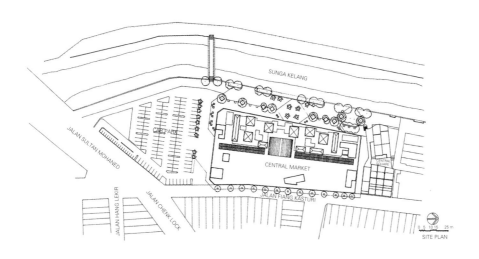

SUNGA KELANG

JALAN SULTAN MOHANED

CAR PARK

JALAN HANG LEKIR

JALAN CHENK LOCK

CENTRAL MARKET

CENTRAL SQUARE

JALAN FIANG KASTURI

0 5 10 15   25 m
SITE PLAN

CENTRAL SQUARE

1 RESTAURANT
2 SHOP
3 STUDO STORES
4 CINEMA 1
5 PROJECTION ROOM

CENTRAL MARKET

1 FOOD STALLS
2 SHOP
3 HAWKER STALLS
4 BARREL VAULT

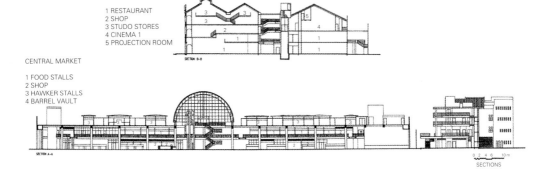

SECTION B-B

SECTION A-A

0 2 4 6   10 m
SECTIONS

↑ 8 中央商场和中央广场外观
↘ 9 中央广场外观，背景是五月银行大厦

沿商店连成一片，同时也
连通河边改造后修建的电
影院。骑楼和20世纪早期
西方的古典线脚都重新油
漆，用强烈的色彩使新建
部分的后现代形式更为戏
剧化。（曾文辉）◢

← 10 中央商场的中庭店铺
↓ 11 中央广场外观夜景

图纸和照片由曾文辉提供

40. 罗依特住宅

> 地点: 新加坡
> 建筑师: W. 林事务所
> 设计/建造年代: 1990

本住宅的生成形式可以追溯到新加坡在殖民时期的黑白奔加罗,它的主屋通常是对称的,另有一个较小的附设矩形空间作为服务设施。

在本建筑中,方形主屋和附设小屋同样存在。但建筑师并未机械照搬,他另添了一个附设的矩形小屋作为私密空间(卧室)并与主屋有一斜角,从而创建了一个庭园,内设游泳池。与黑白奔加罗不同的是前院,人们必须从外墙大门经过它才能进入主屋。这种进入方式在中国和东南亚许多地方是普遍的。其他还有许多建

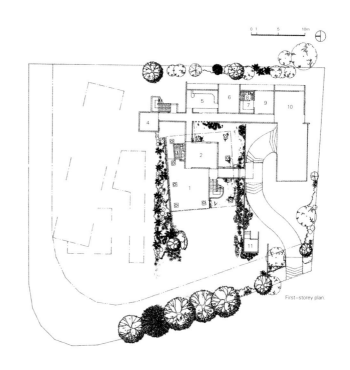

First-storey plan.

↑ 1 一层平面

↑ 2 外观
← 3 二层平面
↓ 4 细部

图纸和照片由何刚发提供

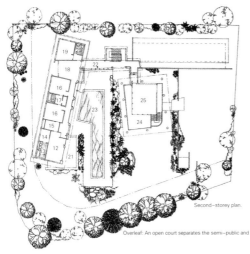

Second-storey plan.

Overleaf: An open court separates the semi-public and private domains.

筑处理，如方形的起居室也稍为斜转、在同一墙面上用不同的材料等，给人在构图和组织等方面产生某种动态感。建筑师在对乡土住宅形式做当代阐释方面取得了成就。它向人们提示了过去，却仍然生活在现在。（何刚发）

41. 美新尼亚加大厦

> 地点：雪兰莪，苏邦加亚
> 建筑师：T. R. 哈姆扎与杨事务所
> 设计/建造年代：1989—1991，1990—1992

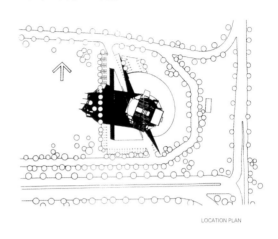

LOCATION PLAN

美新尼亚加（商业机器）公司的14层大厦的设计中采用了该事务所在近十来年中开发的热带高层建筑的生态气候设计原理。在东侧的楼梯和电梯间及厕所等服务部位采用了被动式低能耗措施、自然通风和采光。东西窗均设外百叶。南北向用透明玻璃幕墙，以利采光和视觉。从地面覆草泥的堤台开始向上，沿立面进行了"垂直绿化"，各层设置了错开的阳台或"天上庭园"。屋顶上有娱乐性健身房、游泳池及咖啡厅。

钢筋混凝土框架和填充砖墙外包组合铝围护面层，使本建筑成为适应气候、采用高科技和具有机器型外貌的实例。它荣获1996年的阿卡汗建筑奖。

［曾文辉］

↑ 1 位置图
↓ 2 "天上庭园"

← 3 外观，显示绿化了的斜道
↑ 4 游泳池平台
↓ 5 构思草图
→ 6 剖面

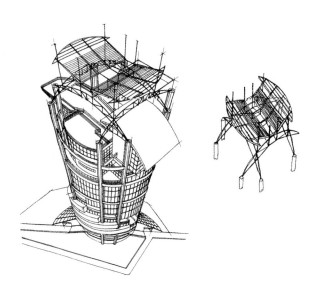

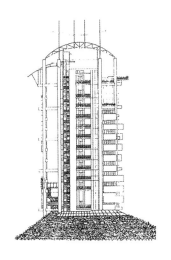

← 7 入口细部
↑ 8 细部
↓ 9 底层平面
→ 10 总貌

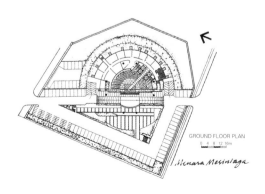

GROUND FLOOR PLAN
0 4 8 12 16m

Menara Mesiniaga

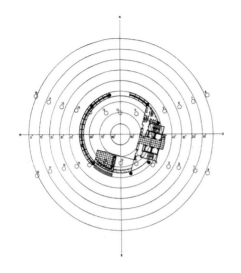

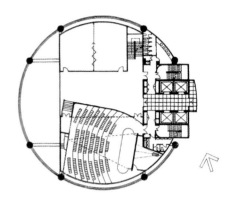

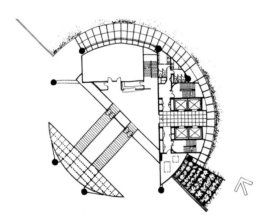

图纸和照片由建筑师本人提供

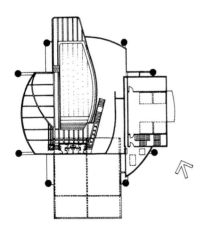

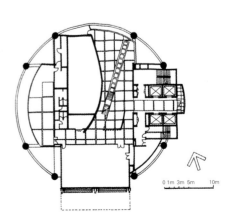

0 1m 3m 5m   10m

42. 区（译音）宅

▮ 地点: 新加坡
▮ 建筑师: 贝德马与席（译音）事务所
▮ 设计/建造年代: 1993

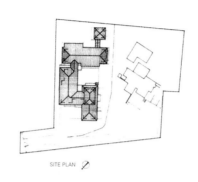

SITE PLAN

← 1 场地平面
↓ 2 局部外观

本住宅由围绕一中间水池庭园的四座楼阁组成，位于宅主父母居所的花园之中。

建筑显得大方和宁静。当人们踏进入口门槛并绕阁行走一圈时，就可以看到像舞步式地出现多层次景观，很像中国传统宅第建筑中的层次性。在用花岗岩或砂岩装饰的表面上光影交叉，加上木作的细部处理，使建筑总体存在一种和谐的质感。

人们可以历数该设

↑ 3 从庭院看外观
↓ 4 外观

计所受的影响：印度尼西亚、泰国、中国等等。但使它成功的既是这一切又超越这一切，看来建筑师E.贝德马是得心应手地、无做作地取得了如此成就。(何刚发)

1ST STOREY PLAN

ELEVATION 1

ELEVATION 2

ELEVATION 3

↑ 5 建筑平面
↑ 6 立面一
→ 7 立面二

图纸和照片由何刚发提供

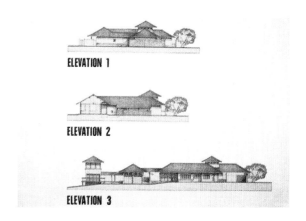

ELEVATION 4

ELEVATION 5

43. 彻第宾馆

┃ 地点：万隆
┃ 建筑师：K. 希尔事务所
┃ 设计/建造年代：1993

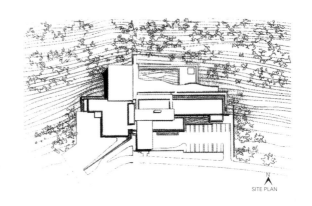

→ 1 场地平面
↓ 2 客厅内部

SITE PLAN

本建筑位于万隆北部较封闭的地区，也就是荷兰殖民统治时期上层人物的别墅区。场地具有动态感，因为它是处在森林茂密的陡坡山谷边的一小块土地之中（山谷对面也是林地，也被物主购下，以避免干扰本建筑）。居室均面向对面山谷，能见到多姿多彩的树叶，其色彩随阳光的变化而变化。建筑内有44间标准客房和七个大型套间。公共面积包括一个小型会客室、一

↑ 3 游泳池后面的东立面

个休息室、商务中心、两个会议室、一个餐厅、一个25米长的游泳池（一边加宽作为池旁休息场所）。游泳池的另一边似悬在半空，使山谷更具戏剧性。

20世纪30年代最时髦的风格自然是风格派和装饰艺术。幸运的是，万隆有这方面的遗产。因此，建筑师 K. 希尔就明智地在本建筑中注入了这些风格，使它成为现代主义建筑师创造性地阐释遗产以适应当代需要的一个经典样板。

室内的色彩适宜地选为淡化的木色，不论是独立家具，还是餐厅座席上的"云彩"，或是一盆火红色的花，件件都有引人注目的要素。客厅中的边灯肯定是装饰艺术风格的，它的铁吊杆与雨篷恰好匹配。

窗口的几何形是早期现代派的，方而裸露，直

截了当，在周围的自然环境中更显突出。尽管广泛地采用了自然的石装修，构图精细，但光影的对比仍然明显。设计中还吸收了风格派常用的平面与体量互相渗透的手法，包括跟踪地形的踏步式平屋顶和宽挑檐以强调水平性，这也是风格派所喜用的。

（Y. 萨利雅）◢

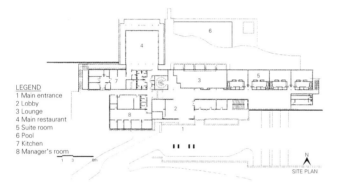

LEGEND
1 Main entrance
2 Lobby
3 Lounge
4 Main restaurant
5 Suite room
6 Pool
7 Kitchen
8 Manager's room

SITE PLAN

↑ 4 随地形而变化的平屋顶
↑ 5 场地和底层平面
← 6 西立面
↓ 7 从西北看的鸟瞰图

图纸和照片由 Y. 萨利雅提供

WEST ELEVATION

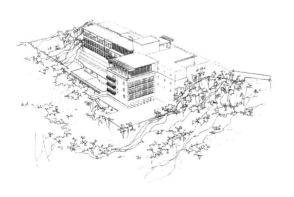

44. 达泰旅游村

> 地点: 凌家卫岛
> 建筑师: 居鲁兰仓事务所, K. 希尔事务所
> 设计 / 建造年代: 1993

达泰旅游村位于马来西亚克达海滨的凌家卫岛西北角一片古老的热带雨林中的一个山坡脚下, 周围大树参天。规划设计细心地结合了自然地貌和植被, 吸收了西面远处的山景和东、北面的海色, 甚至还从泰国的达鲁岛"借景"。

前庭设在一系列踏步式的平台的顶部, 直接通达入口客厅, 再经过一个莲花池到达大客厅, 从这里可看到下面平台上的主游泳池。开敞式的走道通过短桥把人带到入口客厅两侧的L形平面的四层客房。另外沿东部小溪还布

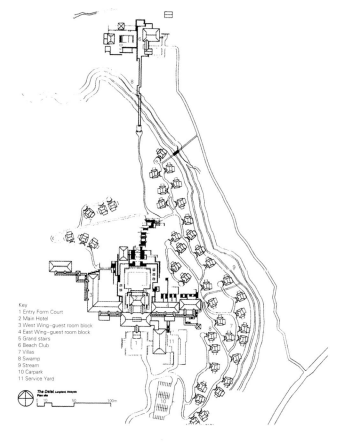

Key
1 Entry Form Court
2 Main Hotel
3 West Wing-guest room block
4 East Wing-guest room block
5 Grand stairs
6 Beach Club
7 Villas
8 Swamp
9 Stream
10 Carpark
11 Service Yard

The Detai, Langkawi, Malaysia
Plan site

↑ 1 场地平面

↑ 2 旅游村景观
← 3 外观一
↓ 4 旅游村一角

↑ 5 水庭
→ 6 入口层平面

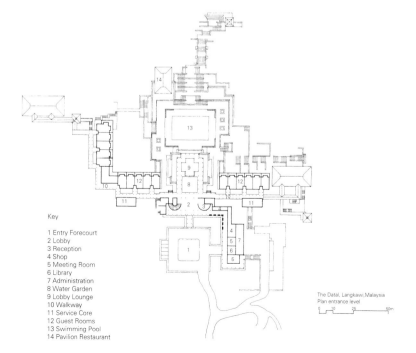

Key

1 Entry Forecourt
2 Lobby
3 Reception
4 Shop
5 Meeting Room
6 Library
7 Administration
8 Water Garden
9 Lobby Lounge
10 Walkway
11 Service Core
12 Guest Rooms
13 Swimming Pool
14 Pavilion Restaurant

The Datai, Langkawi, Malaysia
Plan entrance level
0   10   25   50m

↑ 7 走廊
↑ 8 餐厅

↑ 9 外观二
↪ 10 内院
↓ 11 入口与公共区剖面

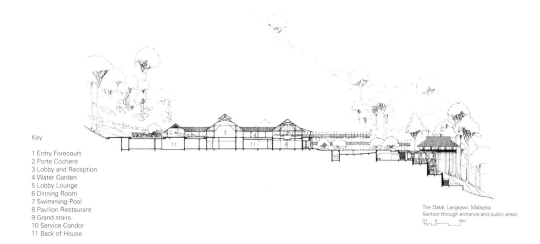

Key

1 Entry Forecourt
2 Porte Cochere
3 Lobby and Reception
4 Water Garden
5 Lobby Lounge
6 Dinning Room
7 Swimming Pool
8 Pavilion Restaurant
9 Grand stairs
10 Service Condor
11 Back of House

The Datal, Langkawi, Malaysia
Section through entrance and public areas
0 1   5   15m

置了40个亭子式的套房，让住客"更接近大自然"。

　　主餐厅面向游泳池的平台，另外还有一个餐厅半挂在一棵森林大树上，让人可以在树顶就餐。从游泳池的侧边有大楼梯可向下通达白沙海滨的俱乐部。

　　达泰旅游村完全满足了五星级的要求，可以无风险和舒适地在丛林中度过一个假期。（曾文辉）◢

↑ 12 悬吊餐厅远视
← 13 套房

图纸和照片由 Akitek Jururancang
（M）Sdn Bhd 经曾文辉提供

45. 弗罗伦多家庭别墅

> 地点：达沃，萨马依岛
> 建筑师：F. 马诺萨事务所
> 设计 / 建造年代：1994

1994年建成的本别墅只是马诺萨事务所设计的诸多菲律宾式住宅中的一例。别墅位于萨马依岛，可遥望对面的珍珠农庄休闲村，后者也是同一建筑师所设计。本别墅是新乡土主义的作品，马诺萨事务所长期以来一直在探讨以传统本土建筑和材料为基础，创造新的建筑形式。

本别墅群是一处家庭休假地。它有六座不设厨房和餐厅的卫星别墅，并在岛上高地的一块岩石上建造了主别墅，名为"老鹰窝"，其中包括秘书用房、卧室、起居室、厨房

↑ 1 室内一

↑ 2 卫星别墅群
← 3 从阳台看大海

和餐厅。这是老派菲律宾人的生活习惯——老爷爷要经常和子孙在一起。这种内在的文化遗产成为设计思想的一部分，使建筑成为文化敏感式的，以体现菲律宾的特征和理想。

在形式上，主别墅由三个八角形组成，另有第四个八角形放在二层，作为卧室空间。这种设计同样以较小尺度用在卫星别墅中。八角形是由屋顶形式的交叉而决定的，提示了本地的"茄子屋"（salakot）。盘踞在大石之上的主别墅设一挑出在达沃湾上空的阳台和平台。主层包括前厅、起居、餐厅、厨房、客厅等。上层包括主卧室。服务和仆人用房在地下室。

别墅崭新而有创造性的形式源于达沃岛上的传统民居，其特点是设计有为遮阳和排雨水用的坡屋顶和宽屋檐。材料用劈成两半的竹竿以及一系列地方材料，采用传统和新式

↑ 4 从海上看主别墅一
↓ 5 从海上看主别墅二

↑ 6 从海滩看卫星别墅
→ 7 室内二

的工艺加工。如屋顶用的劈竹瓦就是采用多年来沿袭下来的办法处理，要求在每年一定的季节收割，此时虫子正好飞走，然后泡在海水中保存。此外，圆叶蒲葵和竹编被用于屋檐，为室内增添质感。其他还有用"plyboo"——一种用竹代木的胶合材料——做墙板，可用于卧室和客厅。还有用黄梢（学名重黄娑罗双）的立柱和银合欢树做板材等，都是耐用和环保材料。

在室外，强有力的几何形体和屋顶的水平线条与周围的自然环境形成对比，这种对比又通过与环境协调的色彩、质感和材料处理而淡化。其结果是在自然和人造形式之间的一种和睦关系，各得其所又互不寻求视觉统治。这种形式和材料的构成，与自然形成了无隙连续的关系而无意与之为敌。

弗罗伦多家庭别墅是开发一种有地方认同的建筑，也就是新乡土主义设计思想的产物。通过吸取地方传统、本土的和可持久发展的材料等途径，创造了一种既是现代，又与过去有强烈联系，融合二者中最佳因素的建筑。

（F. 马诺萨）

↑ 8 主别墅在岩顶
↑ 9 主别墅的挑出阳台

照片由建筑师提供

46. 巴厘塞拉依

> *地点：巴厘*
> *建筑师：K. 希尔事务所*
> *设计 / 建造年代：1994*

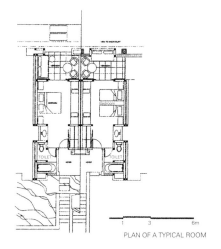

PLAN OF A TYPICAL ROOM

← 1 典型房间平面图
↓ 2 游泳池

　　本建筑为一栋三星级旅馆，由澳大利亚知名建筑师凯里·希尔设计。场地甚小，仅两公顷，位于巴厘的东海岸，距坎迪德萨尚有一段距离，是一处与世隔绝的美丽海滩。这种在登巴萨北部边沿地带建造小型休闲地的想法是由受世界银行支持的法国SCETO咨询公司在报告中提出的，远在1964年开始的努沙杜阿—比努阿地区的大规模开发之前。该设计目标是明确的：不要

↑ 3 外观
↓ 4 细部

用巨大的凌驾一切的建筑来破坏登巴萨北部的农村风光。这一地段建造大型五星级旅馆的风气是在20世纪60年代末和70年代初兴起的。此后，旅游业和旅馆业的思想开始转变——提倡小型化，满足多样化的需求。

本项目的场地平面简洁明了。最突出的是其踏步式的庑殿屋顶，以正交轴线相互垂直布置，这是典型的现代构图手法。它以20米×20米大小的游泳池为焦点，离海滩40米，用绿草坪及椰树分隔。餐厅是唯一有大型金字塔形屋顶的建筑，在高地上取得主导地位，可看到整个组合，包括游泳池和海滩。

用象草（elephant grass）搭建的草屋面是货真价实的巴厘形式和技术，在这里看来似乎是唯一的巴厘特色。即使是抛光的椰树柱也算是较新的发明（要感谢已故的工程师苏居迪首先推广该技术）。其他则是几何游戏、软性亲和材料的选用、光影和虚实的可塑性等。夜间在灯光作用下，空间可塑性和墙的平面节奏感更为显著。这种夜间建筑学模糊了内外界限，这也是巴厘建筑的特征。

各种节点，不论是在水平和垂直构件之间、两种材料之间，还是在两种高度之间，都既简洁又精确。采用的墙板和部件，不论是隔断还是灯具，都制作精细。它们在整体上创造了一种卓越的建筑气氛，比起那些浪漫的庸俗之作，它更维护了巴厘精神。密斯的名言始终正确："上帝在细部之中。"

（Y. 萨利雅）

```
        1    3        6m
SECTION ACROSS THE TYPICAL BLOCK
```

↑ 5 典型建筑的剖面
↓ 6 等轴视图
↓ 7 鸟瞰图

图纸和照片由 Y. 萨利雅提供

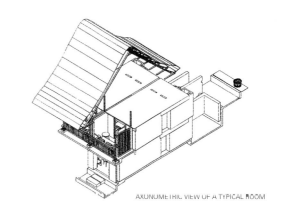

AXONOMETRIC VIEW OF A TYPICAL ROOM

BIRD'S EYE VIEW

47. 谭（译音）宅

地点：万隆
建筑师：谭江蔼（Tan Tjiang Ay）
设计 / 建造年代：1993

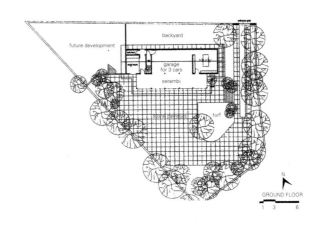

↑ 1 场地与底层平面
↓ 2 休闲廊

本建筑靠近万隆北部高地的朱安达国家公园，其场地是纸鹞状的，面积为2000平方米，这是建筑师——宅主在1988年购置的。用地地处高湿度、每年有雨季和几个月大风的地带，全年最低温度为18℃。

最初的意图是为建筑师、夫人、一个儿子和一名随员提供节俭又高效的住所。建筑师出生于一个第三代中国移民家庭，受到爪哇地区、荷兰和中国文化的多元熏陶，因而从不接受当代印度尼西亚一般居民对理想住宅的概念。对他来说，更重要的是善于利用场地、气候、材料、结构等。用他的原话说："先要有好房子，然后才能有好住宅。"

从他的功能主义原则出发，他坚持建筑与场地要互相补充，在调和矛盾中形成"住房"。美来自和谐，而不是装饰。人们对建筑的体验从大门开始，因此建门廊就没有

必要。

　建筑本身被推后到场地的东北角,以便腾出中央开放空间,可做各种室外活动。开放空间使得去车库道路的坡度更为缓和,人进入屋子前视感也更丰富。地区的高湿度把建筑限于双开间的细长条,使山谷吹来的冷风有利于排潮。此外,为保持建筑干燥,用了当地的干阑方式。从概念上说,建筑师认为:要按自己的时间地点设计,要对历史忠实,不应盲目地搬抄过去,也不应盲目追求未来技术。

　本住宅有两层,上层是主要起居场所,沿一条3米×15米的走廊(serambi)或阳台呈线形布置。从阳台可跨越中央庭院看到外面茂盛的森林。在阳台之下,是多种用途的同一面积的休闲廊,可以在这里举办茶话会,并可从这里延展到外面石铺的庭院。房子里除卧室外没有一间是全封闭

↑ 3 人造与自然对照
↓ 4 等轴视图

AXONOMETRIC VIEW

↑ 5 从室内一角看外部
← 6 走廊
↓ 7 室内

图纸和照片由 Y. 萨利雅提供

的。连厨房和起居室也与阳台直接用开口连通。平面的简洁反映了建筑师和其家庭的淡泊。

建筑师并不回避采用在印度尼西亚用于工业建筑的混凝土砌块，不加粉刷。它们与周围景观也很协调，同时也突出了"人造与自然"的对照。屋顶结构采用了简单的椽与边梁方案。立面几何界限明确。窗口、方柱、檩条、虚实、光影等的处理都便于记忆。建筑施工雇用当地工人，由于设计简单，很少需要监工。

尽管简单，本建筑有足够的虚实对比。私密和半私密部分用实的砌块，公共部分用透明玻璃。实体墙面上的方形窗口就像是风景挂画。傍晚坐在起居室内，可通过门洞看到亮一点的阳台和阳光下的中央庭院，再往远处可看到落日照耀的松树林。

〔Y. 萨利雅〕◢

48. 阿比利亚公寓

地点: 新加坡
建筑师: 董元美测绘师
设计/建造年代: 1994

↓ 1 典型双层平面

（a）1.主卧室；2.卧室2；3.家庭聚会所；4.卧室3；5.书房；
6.阳台；7.厅

（b）1.起居室；2.餐室；3.阳台；4.厨房；5.玩具室；6.洗
衣间；7.庭院；8.厅

　　本项目为一座包括五套居所的塔楼，建造在一个带游泳池的景观花园内。设计的主要意图是按照高层建筑的要求和当代建筑讨论的观点来重新阐释热带住宅的传统。其结果是在平面和开窗两方面的层次性。就后者来说，用屏栅对玻璃窗进行遮阳，加上退后的平面和在主立面上配置曲线，用植物箱给立面再增加一个层次。就平面来说，设置了空隙和双层花园平台，与各层在空间上结合，再在顶层单元配置廊式中间层。这些层次化的手法在本地区的乡土建筑中长期

(a)

(b)

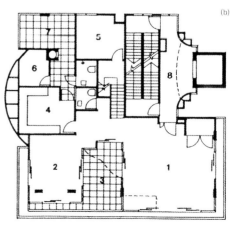

使用，不算是新观念。

设计构思旨在协调现代高层建筑和热带气候的需要。广泛采用玻璃以取得最大的观感效应，然后再加上遮阳和隐蔽，可以说是高层建筑的规范。层次化提供了最初看来是无可协调的矛盾的解决机会。

更深入地探讨，建筑师还涉及高层建筑的风格问题。尽管时兴多样化和比例及形式的变换，本项目的建筑师却试图回到传统的三段设计并加以革新。五个居住单元被区分为三种类型，各有特色。这样，各单元均被视为独立单体，同时又由于某些共同的词汇，而形成整体。

其结果是建筑的分部构成了基座、楼体和顶盖三段。进一步的发展是每一立面都各不相同。有的带游戏性，有的则庄重克制。所有这些，都使这栋建筑为千篇一律的高层建筑提供了替代途径。（何刚发）

↑ 2 外观一
← 3 外观二

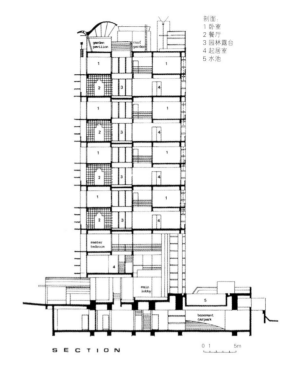

剖面：
1 卧室
2 餐厅
3 园林露台
4 起居室
5 水池

→ 4 剖面
↓ 5 一层平面

1. 道路
2. 入口
3. 厅
4. 维修部
5. 游泳池
6. 水池
7. 更衣室
8. 水泵房

图纸和照片由何刚发提供

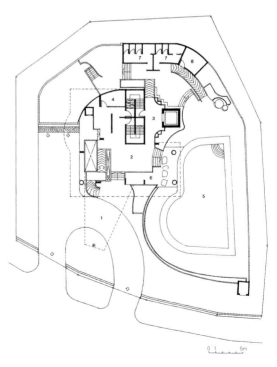

49.船码头保护区

||| 地点：新加坡
||| 建筑师：多方共同开发
||| 设计/建造年代：1994

↑ 1 整体开发构思的效果图
↓ 2 河边景观

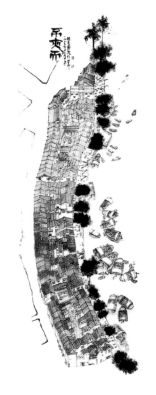

在新加坡历史上，从新加坡河到艾芬桥之间的船码头起过重要作用。当英国东印度公司的拉福斯爵士在1819年到达此地时，新加坡河两岸都是红树洼地。当他选定了市中心的位置后，他命令把商业广场（现在的拉福斯广场）的一座小山推平，用土方来填洼。在1822年，填土工程开始，历时三个月，填平后的土地被称为"船码头"，并分割拍卖。到1942年左右，此地已开发完毕。河的北岸是政府建筑，南岸是富商建造的两三层高的骑楼（上层住人，下层开店）。新加坡河就成为当地的经济生命线，船舶频繁来往，拥挤不堪。后在1850年修建了克朴港，以容纳大船，其后船码头就成了华人的领域。码头常见的是那种平底的大号木帆船（tongkang），由华人苦力通过摇摇摆摆的跳板装卸货物，河里充满了垃圾。

在20世纪80年代早

↑ 3 摩天楼前的船码头（何刚发提供）

期，新加坡政府决定清理河道，进行了疏浚和排污，把上游污染环境的工业和贫民棚户迁走，把木帆船的停靠改在帕西潘江。这样一来，船码头的热闹也不存在了。建筑物开始因失修而败坏。政府因而有计划地把老房子全部拆除，建造高楼大厦。作为人们记忆中的前辈辛勤劳动的象征地，面临被淘汰的前景。

一批关心此事的公民，包括吴宝兴博士和林少伟等人，决定成立不夜天公司来向政府提出报告

和方案，保存现有建筑，再开发文化娱乐设施。"不夜天"是此地的老名字，意思是不停地活动。然而，公司成员均为专业人员，对物业开发不甚在行。虽然提交了报告，但有一系列问题未能解决。

虽然政府没有接受这项计划，但了解了保护新加坡文化价值的重要性，于是宣布了船码头是保护区。从1989年起，骑楼一座座地得到修复。投资者了解河边的骑楼建筑的资产价值，就掀起了一个修复热潮，到1994年，所有

建筑均已更新。生命又回到船码头，昼夜不息，尽管与过去不同。

被保护的建筑供商业用，并保存了新加坡人的集体记忆。最成功的一条是它全部为私人投资，到市场上求得平衡。今日，船码头由于它的多样化的餐饮业和娱乐业而成为对本地人和旅客最有吸引力的一个地方。比起新加坡其他由单一开发商开发的场所，它显然更有活力。

（何刚发）

第 **10** 卷

大洋洲

1900—1919

50. 圣礼大教堂

地点：克赖斯特彻奇
建筑师：F. W. 皮特里
设计/建造年代：1899—1900，1901—1905

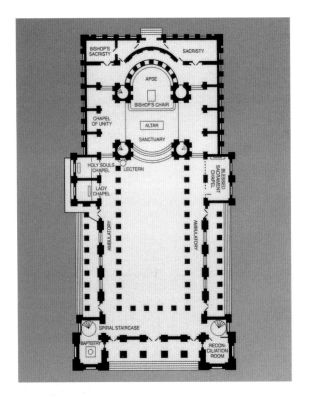

↑ 1 建筑平面图
→ 2 室内：见桃心木十字架（雕塑家 J. 亚伦作品）

尽管 F. W. 皮特里（1847—1918年）是普金的崇拜者，并且他本身是浪漫主义运动的信徒，但令人奇怪的是他最令人信服的建筑却采用了古典传统。圣礼大教堂即是突出的例子。它呈现了一种欧洲的柱式风格、古典的高贵气质以及天主教的服从思想。其内部，几何秩序表现天主教理想和空间强度的崇高姿态特别精彩。中部本堂的两侧由两层高的爱奥尼克与科林斯式的柱廊所界定。设在侧廊之上的配有栏杆的楼座用一檐口支托，把人们的视线引向圣殿中的神坛。本堂的顶棚

↑ 3 外观
↓ 4 室内：见柱与穹隆内顶

图纸和照片均由新西兰克赖斯特彻奇教区提供

是锌制的，配有三个圆穹藻井。有意义的是，主穹顶设置在圣殿而不是十字交口之上。本建筑是气势宏伟的宣言，特别是从后面看。事实上，它可以被认为是克赖斯特彻奇的首要教堂。(R. 沃尔登/J. 嘉特丽) ◢

参考文献

McCoy, E.J., "Petre's Churches", in Porter, Frances(ed.), *Historic Buildings of New Zealand: South Island,* Auckland, New Zealand: Methuen, 1983: 150-159.
Stacpoole, John, and Beaven, Peter, *New Zealand Art: Architecture1820-1970*, Wellington, New Zealand: AH & AW Reed, 1972: 50-51.

51. 维多利亚州立图书馆主阅览室

||地点: 墨尔本
||建筑师: 贝茨、皮伯斯与司马特事务所
||工程师: J. 莫纳希
||设计 / 建造年代: 1906—1911, 1909—1911

由贝茨、皮伯斯与司马特事务所设计的在1911年加建的主阅览室,位于约塞夫·里德设计的罗马复兴式的维多利亚州立图书馆(1854年)的后侧,是当时世界上最大的钢筋混凝土穹顶建筑。工程师约翰·莫纳希最初设计的穹顶和框架是用莫尼尔混凝土建造的。但在公开招标过程中,建造商司旺森兄弟公司在保持莫纳希设计的总尺寸的前提下,使用了英国特鲁斯康的混凝土与钢桁架公司的钢筋混凝土专利。这家特鲁斯康公司用的钢筋系统是美国的阿贝特·W.康在1902

↓ 1 主阅览室穹顶的结构剖面

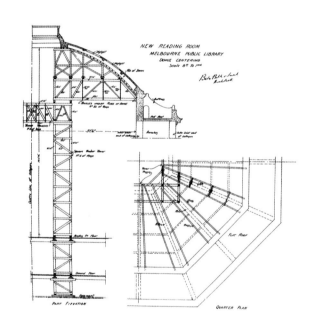

年开发的一种称为"康型钢筋"的系统。浅穹顶覆盖了可一览无余的阅览桌和管理空间,它支撑在一个四层高的多边形古典式

的鼓楼之上。在完工时,穹顶直径为35米,当时在厚实的穹肋之间配有371平方米的玻璃。由于漏水原因,所有自然采光几乎

↑ 2 从斯旺斯登街看维多利亚州立图书馆及其穹顶
↓ 3 主阅览室穹顶内景

图纸和照片均由澳大利亚维多利亚州立图书馆拉·特罗布收藏室提供

全部封闭。穹顶内部用纤
维石膏贴面，外部用铜板
覆盖。(P. J. 哥德) ◢

参考文献
⋮

Miles Lewis(ed.), *Two Hundred Years of Concrete in Australia*, Concrete Institute of Australia, North Sydney, 1988.
Granville Wilson and Peter Sands, *Building a City: 100 Years of Melbourne Architecture,* Oxford University Press, Melbourne,1981.

52. 爱丽庭（*瓦特豪斯住宅*）

||*地点: 悉尼*
||*建筑师: W. H. 威尔逊*
||*设计/建造年代: 1914*

← 1 建筑平面
↓ 2 书房入口图（R. 司
　塔斯 1991 年画）

威廉·哈代·威尔逊（1881—1955 年），建筑师、辩论家、美术家、东方学家，在悉尼 20 世纪早期文化中是一位有影响的人物。在 1914 年，他在悉尼的北郊为 E. G. 瓦特豪斯（语言学教授和世界闻名的茶花培植者）及其家庭完成了爱丽庭的建造。和他在这一时期建造的其他住宅——包括他自己的（在不远处）——一样，这栋新建筑是对悉尼殖民主义时代的简单的、挽歌

'Chinese' Tea House

Study (west)

Pigeon House

Study (east)

STUDY 1 1924
TEA HOUSE 1 1937

' The Temple '

0 5 10 15 20
FEET

1914 'ERYLDENE'

NORTH ELEVATION

↑ 3 正立面与前花园（H. 卡泽诺 1924 年摄）
← 4 R. 阿朴里所画的建筑立面图

↑ 5 餐室（H. 卡泽诺 1924 年摄）
→ 6 场地平面

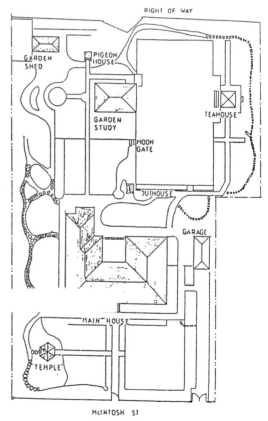

RIGHT OF WAY

GARDEN
SHED

PIGEON
HOUSE

GARDEN
STUDY

TEAHOUSE

MOON
GATE

OUTHOUSE

GARAGE

MAIN HOUSE

TEMPLE

McINTOSH ST

0 2 4 6 8 12   16metres

ERYLDENE

式的阐释，也是他对在一次考察性旅行中在美国亲自接触到的马里兰州和弗吉尼亚州精致的殖民风格木建筑的阐释。他对中国建筑的兴趣最直接地表现在爱丽庭的茶室中。

1919年，威尔逊宣布：他将"继承格林威（澳大利亚殖民时代最著名的建筑师）所树立的传统，而不是从一种时髦跳到另一种时髦"。爱丽庭的端庄和严肃的木构立面隐约地显示了乔治时代建筑风格所独有的含蓄品质。它由均匀间隔的廊柱构成，与露天寝廊相匹配，两侧像是书架两端的托架。其余部分是用软性石膏刷白的砖墙。内部的布局是轴线的，在中央厅堂的两边设置了相互平衡的主要房间。

威尔逊的作品是简单和克制的范例，也许，像正在欧洲露头的现代主义一样，他对19世纪的折中主义表示鄙视。然而，威

← 7 从月门看茶亭（1936年由R. K.哈里斯设计，Z.爱德华兹摄）
↑ 8 凉廊（H.卡泽诺 1924年摄）

图纸和照片均由 Z.爱德华兹女士提供，除阿朴里画，其余均取自 *The Grecian Pagoda and the Architecture of the Eryldene*

尔逊的眼光是隔代的，而现代派却拥抱了其前身。

（A. 梅特卡夫）

参考文献

(Eds) Ure Smith, Sydney and Stevens, Bertram, "Domestic Architecture in Australia", *Spe-cial Number ot Art ın Australia*, Sydney, 1919.
Indyk, Ivor, "William Hardy Wilson and the Eloquence of Restraint", *Transition* (Melbourne), Vol. 2, No. 2, 1981, pp. 11–17.
Edwards, Zeny, *The Grecian Pagoda and the Architecture of Eryldene, ZED*, Sydney, 1995.

53. 陶乐亚家园

║ 地点: 霍克湾
║ 建筑师: W. H. 古默尔
║ 设计/建造年代: 1914—1915, 1915—1916

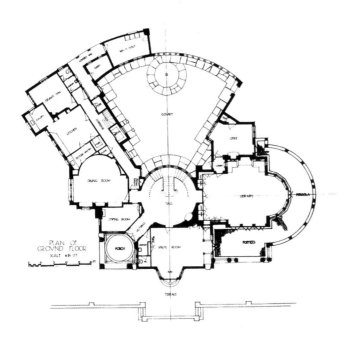

↑ 1 底层平面(C.柯赫兰画)

由威廉·亨利·古默尔(1884—1966年)设计的陶乐亚家园是一座用空心砖和钢筋混凝土梁柱筑成的二层建筑,当时在新西兰的家居建筑中尚无先例,打破了风格类型。它的平屋面、粉刷外墙、后院和对室内外生活的关注等,都超前地预示了在20世纪40年代甚至50年代才被现代派建筑师充分探讨的主题。较为传统的是正立面的对称性,以及上有拱形过梁的双扇多光纱窗。陶乐亚家园建筑布局的中心是一个圆厅,可由此通向一个"音乐室"、一间不小的图书室以及斜

↑ 2 外观（R. 毛里森摄）
→ 3 餐室（R. 毛里森摄）
↓ 4 二层平面(C.柯赫兰画)

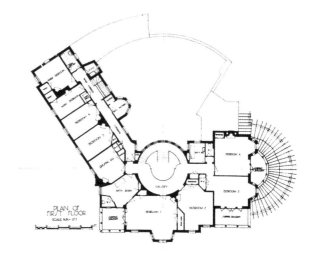

向的后翼，其中包括餐室、厨房和其他服务用房。厅堂中还有一座很有气派的楼梯，通向二层，它的两翼平面可理解为在19世纪末至20世纪初一些英国建筑师（如E. 勒廷斯，古默尔在英国时曾在他手下工作过）所常用的蝴蝶形平面的一半。（R. 沃尔登/J. 嘉特丽）

参考文献

Morrison, Robin, *Images of a House*, Waiura, Martinborough, New Zealand: Alister Taylor, 1978.
New Zealand Historic Places Trust, "Proposal for Classification, Buildings Classification Committee Report: Tauroa", Wellington: Not published, compiled 1989.

↑ 5 书房（R. 毛里森摄）
← 6 楼梯（R. 毛里森摄）

图纸由阿里斯塔·泰勒出版社提供，照片由新西兰战争纪念馆 R. 毛里森产业提供

54. 墨尔本大学纽曼学院

||地点：墨尔本
||建筑师：W. B. 格里芬、M. 马霍妮
||设计/建造年代：1915—1917

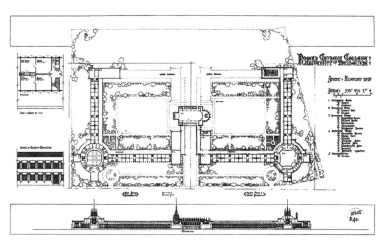

纽曼学院是一个大的建筑群体中的一部分，由美国建筑师瓦尔特·波利·格里芬（1876—1937年）与玛丽安·马霍妮（1871—1962年）设计。它的L形北翼是这对才华出众的夫妻的事务所在澳大利亚完成的第二大项目。格里芬夫妇在1911年赢得新首都堪培拉的总体规划设计竞赛后来到澳大利亚。这所天主教男子寄宿学院的设计要求与墨尔本大学校园中心有几何联系。设计师用两个呈拥抱状的二层以上的L形学生宿舍侧翼构成了两个四边形。在这两个空间之间的轴线中心位置计划放置一座南北向的小教堂。在L形的角上均设有圆堂，其一作为餐厅，另一为图书馆。格里芬的这个设计只完成了北翼。然而，戏剧性的长廊，外部是用巴拉布尔沙岩贴面的外墙，用拱石与微倾墙体，带尖端和混凝土凸角；内部则是外露的肋条，并在中央高

↑ 1 场地、建筑平面与立面图（美国芝加哥美术学院提供）
↓ 2 圆堂穹顶内景（J.比莱尔摄并提供）

处形成十字架作为学生餐厅圆堂的高潮，所有这些的组合在瞬间令人感觉到一种神秘的中世纪浪漫主义。它与创造性的钢筋混凝土结构相结合，向人们提供了一种超越了已知的基督教形象而成为知识与信仰普遍适用的语言。（P. J. 哥德）

参考文献
:

Jenepher Duncan and Merryn Gates (eds.), *Walter Burley Griffin: A Review*, Monash University Gallery, Clayton 1981.
Donald Leslie Johnson, *The Architecture of Walter Burley Griffin*,Macmillan, South Melbourne, 1977.

← 3 圆堂外景（W. 西弗斯摄并提供）
↑ 4 廊内景（W. 西弗斯摄并提供）
↓ 5 L形侧翼及拱石和微倾墙体（W. 西弗斯摄并提供）

55. 观景楼（斯蒂芬斯住宅）

地点：悉尼
建筑师：A. S. 约里
设计 / 建造年代：1919

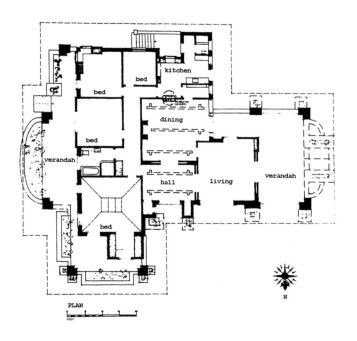

PLAN
FEET

别墅式平房（奔加罗），是欧洲殖民者在印度从民居中取材，而后又为了配合外来人的胃口，掺和了一些乔治王朝和工艺美术等风格的细枝末节的产物，在国际上推广时又有许多变种。在澳大利亚出现的建筑范例既是一种后殖民时期的典故，后来又有意地采用了所谓加利福尼亚奔加罗风格的若干要素，后者的根源则是瑞士小屋、日本房屋和印度传统，成为一种杂交物。观景楼是建筑师亚历山大·司徒华·约里（1887—1957年）为E. C. 斯蒂芬斯设计的住

← 1 平面图（取自 *Fine Houses of Sydney*，经作者许可）
↑ 2 阳台细部（M. 杜平摄影社摄制并提供）

↑ 3 外观（M. 杜平摄，由 J. 泰勒提供）

宅，显示了这种澳大利亚版本，加了些W.B.格里芬建筑的寓意。它用低坡山墙主屋顶，配有三个副山墙屋顶，挑檐甚宽，椽子外露，有斜置支托，檐下是涂粗泥的重型砖墩，强调了入口门廊与平台。居室以大门洞与其他房间连通，提供了宽敞的连续内部空间，这种非正规的内部布局也表现在外部。所用的材料都不求豪华：粉刷砖墙，上暗色漆的饰带，窗框和细作。（N. 廓里）

↑ 4 餐厅（M.杜平摄影社摄制并提供）

参考文献

Johnson, Donald J., *Australian Architecture 1901-1951*. Sydney University Press, 1980.
Irving, Robert and Kinstler, John, *Fine Houses of Sydney*, Methuen Australia, Sydney 1982.

第 **10** 卷

大洋洲

1920—1939

56. 绿径（威金森住宅）

地点：悉尼
建筑师：L. 威金森
设计/建造年代：1923

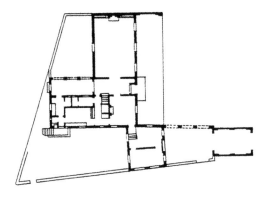

→ 1 场地与建筑平面
↓ 2 从室外拱廊看建筑
　（M.杜平摄）

在1919年，出生并求学于英国的莱斯里·威金森（1882—1973年）来到澳大利亚主持悉尼大学建筑学院。他作品中所倾向的意大利古典和民居建筑风味在他1923年完成格林威（绿径）——他的住宅——之后很快成为时尚。风行一时的威金森风格在两次世界大战之间成为主流，有时又被称为"西班牙传教士"或"地中海加乔治王朝"风格。然而，这位新来的教授的教导、著作和设计都呼吁克制。他提倡对建筑作品的本土文脉，特别是对花草、气候和建筑历史做细致的观察。

和他的同代人H.威尔逊一样，威金森反复强调简单性："我们呼吁重视简单性的价值，如果需要举例，那么它就存在于老的集居点中……见之于那些通风良好、宽敞、舒适的房屋，充满尊严和有情趣的魅力。"

这些观点都体现于

↑ 3 建筑正面与屋前地坪（M.杜平摄）

格林威。房屋位于场地后端，以腾出位置设置一个大而阳光充足的花园。简单的二层建筑中底层为起居室，上层为卧室。后者还包括露天寝室，它和威尔逊所设计的爱丽庭同为后来由辛德勒和诺依特拉在洛杉矶的著名范例的先声。（A. 梅特卡夫）◢

↑ 6 建筑正面与屋前地坪（M. 杜平摄）

图纸和照片均由 D. 威金森先生提供

参考文献
⋮
(Eds) Ure Smith, Sydney and Stevens, Bertram, "Domestic Architecture in Australia". *Special Number of Art in Australia*, Sydney, 1919.
(Ed) Falkiner, S., *Leslie Wilkinson, a Practical Idealist,* Valadon Press, Sydney,1982.

57. 市民剧院

> 地点：奥克兰
> 建筑师：波林格、泰勒与约翰逊事务所
> 设计/建造年代：1929

↑ 1 室内（R.毛里森摄）

由悉尼建筑师和电影院设计专家波林格、泰勒与约翰逊事务所设计的奥克兰市民剧院是20世纪20年代在新西兰建造的最为豪华和气氛奇特的电影院。至今仍基本完整，它是本地区尚存的少数此类剧院之一。它的室内设计不同于当时流行的艳丽的西班牙式和没落的古典布景手法，而是结合采用了古印度风格的前厅与以印度莫卧儿皇宫花园为样板的观众厅，其装饰方案到处是豪华奢侈的。前厅是印度贴石庙宇的翻版，狂奔的大象装点着挑台的栏杆，壁龛里放了印度的神

↑ 2外观（R. 毛里森摄）

照片由新西兰战争纪念馆R. 毛里森产业提供

像。充满雕刻的石膏托架掩蔽了彩色灯光的灯具，制造了奇特的气氛，把人们引向里面的观众厅。在里面，前台侧边立着有穹顶的礼拜楼，在舞台面有用电灯泡做眼睛的金色母狮。顶上观众厅的顶棚变成一片深蓝的天空，在灯光暗淡时，会显出闪闪星光。在外部，剧院的立面是简化了的古典格式，在砖壁柱之间配置了大型格屏，做工精细，转角是一座模仿摩天楼的角楼。飞檐上装饰着旭日、舞娘、花纹、旋涡和悬物，由瑞士布景艺术家阿诺·齐默曼设计，他在来悉尼之前在日内瓦的美术学院进修。本建筑是对好莱坞影响和澳大利亚—新西兰电影界表示热情致意的折中手法的最终表现。(P. J. 哥德)◢

参考文献

Peter Shaw, *New Zealand Architecture from Polynesian Beginnings to 1980*, Hodder and Stoughton, Auckland, 1991.
Ross Thorne, *Picture Palace Architecture in Australia*, Sun Books, South Melbourne, 1976.

58. 麦克费尔逊罗勃逊女子中学

地点: 墨尔本
建筑师: 希布鲁克与费尔德斯事务所
设计/建造年代: 1933—1934

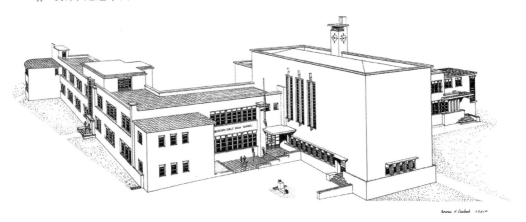

↑ 1 总体透视（取自 *Australian Architecture 1901-1951*，经作者许可）
↓ 2 钟塔

麦克费尔逊罗勃逊女子中学是澳大利亚第一个令人信服的较大型的受荷兰影响的功能主义建筑的例子。它的风格派平面和二层平屋面的立体主义构成是对 W. 杜多克的希弗萨姆市政厅（1928—1932年）的有创造性的阐释。后者在许多青年建筑师于"大萧条"年代去欧洲旅行时受到了极大的赞赏。本建筑所用的材料也反映了对当代荷兰作品的浓厚兴趣：奶色砖配釉面

↑ 3 外貌（P. J. 哥德摄影并提供）

↑ 4 入口

照片由 P. J. 哥德摄影并提供

蓝砖的点饰和朱红色钢框的窗。这组建筑的主要特点是一个突出的三层建筑（内含学校大厅），它的一边是一座升起的钟楼，另一边是踏步台阶、旗杆和混凝土雨篷入口的抽象组合。N. 希布鲁克（1905—1979年）在由巧克力制造商和慈善家麦克费尔逊罗勃逊所赞助的设计竞赛中取胜。该建筑是作为向1934年墨尔本建市一百周年纪念而建设的，它也标志了维多利亚州学校设计中一个新的开放阶段的起端。(P. J. 哥德)

参考文献
⋮

Robin Boyd, *Victorian Modern, Victorian Architectural Students Society*, Melbourne, 1947.
Donald Leslie Johnson, *Australian Architecture 1901–1951: Sources of Modernism,* Sydney University Press, Sydney, 1980.

59. 惠灵顿火车站

地点：惠灵顿
建筑师：W. G. 杨（格雷·杨、莫顿与杨事务所）
设计/建造年代：1929—1933，1933—1937

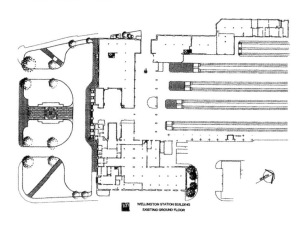

↑ 1 场地与底层平面（K.比肖普提供）

由格雷·杨、莫顿与杨事务所的威廉·格雷·杨（1885—1962年）设计的惠灵顿火车站是美术学院古典主义的典型例子。它主要是一座混凝土建筑，用钢架做加强，然后用褐红色的砖覆面。建筑平面是U形的，包括一个六层高的中央大厅和四层高的两翼部分。两翼向外开敞，露出一个五指形的站台，可服务于九条路轨。建筑的前立面有八根多立克柱，各42英尺（约12.8米）高，5英尺3英寸（约1.6米）宽。多立克柱廊成为帕拉第奥样式的中间段，以精美的做工完成。主入口在中，把公众引向一个有高圆拱的售票厅，再导向中央大厅，后者直接开向铁路站台。整个建筑对运动中的公众来说是直接明了的。它是对铁路运输的一首贺曲。（R. 沃尔登/J. 嘉特丽）

参考文献
⋮

Mahoney, J.D., *Down at the Station: A Study of the New Zealand Railway Station*, Palmerston North, New Zealand: The Dunmore Press, 1987.
New Zealand Historic Places Trust, "Registered Historic Places: Category I, Wellington City", Wellington, New Zealand: Not published, compiled 1996.

↑ 2 外观

↑ 3 高拱顶的售票厅
↗ 4 中央大厅

照片由新西兰国家档案馆提供

第 **10** 卷

大洋洲

1940—1959

60. 伯翰坡公寓

地点: 惠灵顿
建筑师: F. G. 威尔逊
设计／建造年代: 1938, 1939—1940

↓ 1 东翼楼梯间（J. 嘉特丽摄）
→ 2 东翼外观（J. 嘉特丽摄）

由弗朗西斯·戈登·威尔逊（1900—1959）设计的伯翰坡公寓用承重钢筋混凝土筑成，在一中央绿地和圆形大厅周围提供了中密度的国家租赁住房。它的方案表明国际风格在20世纪30年代后期已在新西兰完全实现：用的是平屋面，外墙面粉刷，整个外部除了功能上需要的如阳台、窗、门外，一般说来不再有其他部件。然而，在底层的正门两侧仍有砖楣梁，窗沿设以砖为边饰的花坛，还用了门洞式窗以及网格型的后阳台栏杆。东房的三层楼梯间起垂直表现的作用。全部

群体中的52个单元，12套为卧室、起居合用型，10套为一卧室型，26套为二卧室型，2套为三卧室型。在80年代后对圆形大厅进行了改造以增加住户，为各单元增添了洗衣间。（R.沃尔登/J.嘉特丽）◢

参考文献

Gatley, Julia, "For Modern Living: Government Blocks of Flats", in Wilson, John(Ed), *Zeal and Crusade: The Modern Movement in Wellington, Christchurch,* New Zealand: Te Waihora Press, 1996: 53-60.
Gatley, Julia, "Labour Takes Command: A History and Analysis of State Rental Flats in New Zealand 1935-1949", Wellington, New Zealand: Master of Architecture thesis, Victoria University of Wellington, 1997.

↑ 3 伯翰坡公寓模型（新西兰亚历山大透恩布尔图书馆旅游部提供）

61. 哈米尔住宅

> 地点：悉尼
> 建筑师：S. 安契尔
> 设计/建造年代：1949

悉尼·安契尔（1904—1979）作为20世纪澳大利亚建筑学的关键人物，其地位是通过一系列较少又较小的项目设计，但综合起来却成为引入现代主义的门槛（尤其是在1940年至1960年这20年间的悉尼）而确立的。他成功地高举现代主义的许多标记作为旗帜，如顶住来自地方上的媒介和批准机构的反对态度而坚持用平屋顶，使他博得了后代建筑师的尊重。哈米尔住宅是他在1945年至1951年间在悉尼灌木丛的北郊吉拉睡拉区内同一条街道上设计的四栋住宅（包括他的

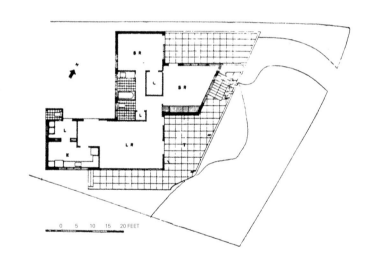

0 5 10 15 20 FEET

↑ 1 建筑平面

私宅）之一。它们既是严格现代的，同时又是地域性的。

人们可以看到起居室占有L形平面的弯角处，住房所有主要空间都朝向

良好，同时又理性地由宽敞的平台和阴影的廊道给予遮阳。硬边的几何和浅色的砌体表面支持了建筑的构架。场地保持其灌木地而不变，使整个场面显

↑ 2 外观一（M. 杜平摄）
↓ 3 外观二（M. 杜平摄）

图纸和照片均由安契尔、莫特洛克与伍里事务所提供

示了自然和文化之间的辩证关系。（A. 梅特卡夫）◢

参考文献
：

Johnson, D.L., *Australian Architecture 1901-1951: Sources of Modernism,* Sydney University Press, Sydney, 1980.
Murray,S., "Obituary", *Architecture Australia,* March 1980, pp. 67-69.

62. 罗斯·赛德勒住宅

> 地点：悉尼
> 建筑师：H. 赛德勒
> 设计/建造年代：1949

　　罗斯·赛德勒住宅是文化转移和转变的实例。建筑师哈里·赛德勒就是传递这一信息的媒介。他出生于维也纳，在第二次世界大战期间成为一名流亡者，先在伦敦，后在加拿大。在从马尼托巴大学取得建筑学学位后，他进入哈佛大学设计研究院，在W. 格罗皮乌斯和M. 布劳耶的指导下进修，然后在北卡罗来纳州的黑山学院参加J. 阿贝尔斯的设计课程。他在布劳耶手下工作，也一度在O. 尼迈耶处工作过。在1948年，他重新与已定居在澳大利亚的家人会合。

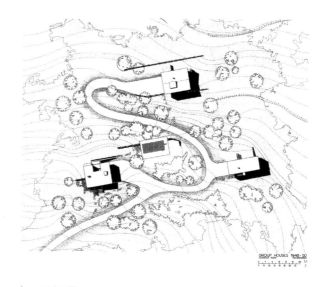

↑ 1 场地平面

↑ 2 建筑正面外观
↓ 3 建筑侧面外观

于是赛德勒就带来了包豪斯先驱者的设计教义和他对欧美主要建筑师建筑态度的无保留的承认。

他在澳大利亚的第一栋建筑是为他父母建的,其中反映了上述的所有影响,并巧妙地综合在这栋小巧而富有情趣的房屋之中。房屋外形是一个白色的矩形柱体,用一座入口平台来迎接北部的太阳和景色。主起居室用纸风车式的石墙支托升起在地面之上。玻璃窗的分隔按蒙

德里安的模式，几乎平坦
的屋面恰好截断在墙边。
通过这种原型和有力的形
式，赛德勒后来将他的观
念引申到许多大得多并重
要得多的建筑中去，为澳
大利亚做出了重要贡献。
（N. 廓里）

本设计在1951年荣获
澳大利亚建筑师学会新南
威尔士州分会的约翰·苏
尔曼爵士奖。

参考文献

Taylor, Jennifer, *Australian Architecture since 1960,* The Law Book Company Ltd, Sydney, 1986.
Frampton, Kenneth and Drew, Philip. Harry Seidler, *Four Decades of Architecture,* Thames and Hudson, London, 1992.

↑ 4 室内
↓ 5 建筑平面
照片均由 M. 杜平摄制。图纸和照片由 H. 赛德勒提供

63. 斯坦希尔公寓

地点：墨尔本
建筑师：F. 隆堡
设计/建造年代：1942，1950

斯坦希尔公寓是由德国移民建筑师弗雷德里克·隆堡（1913—1992年）设计的自由和复杂的建筑构图的杰作。他于1939年来到澳大利亚之前在苏黎世O. 萨维斯堡教授手下受过训练。后者是专家。1942年设计的这栋十层公寓建筑由一位犹太企业家斯坦利·考尔门出资建造，但由于"二战"而推迟。在1950年建成时，它的线性外形难以用常规语言描述。在其西立面，混凝土垂直窗间条的线条勾画了疏散楼梯的图形。其南面是最有戏剧性的立面，紧张的玻璃表面在每

← 1 下视雨篷
↑ 2 南立面外观

↑ 3 南立面细部

照片均由 W. 西弗斯摄影并提供

个单元后退一步，并逐级升高直至东立面的宽屋檐为止，还有一个像用来拔软木塞的钻头似的楼梯，带冲孔状开口的混凝土表层，以及低部角上的小型曲线阳台等。这是一座流动的、叠加的、杂交的组合，表现主义甚于功能主义，在澳大利亚独一无二。(P. J. 哥德)◢

参考文献
⋮
Conrad Hamann (Early Romberg), *Architecture in Australia*, April/May 1977, pp.68-75.
Conrad Hamann, "Frederick Romberg and the Problem of European Authenticity", in Roger Butler (ed.), *The Europeans Emigrant Artists in Australia 1930-1960*, National Gallery of Australia, Canberra, 1997, pp. 37-58.

64. 格朗兹住宅

地点: 墨尔本
建筑师: R. 格朗兹 (格朗兹、隆堡与博依德事务所)
设计 / 建造年代: 1953

由建筑师设计自用的住宅，它的平面是正方形中间有一圆形庭院。他最大程度地利用了一个长条形的场地以适合后面的四个公寓单元，二卧室型的住房则布置得紧靠街道。它是栋庄重的呈上升趋势型的村镇房屋。里面的圆形庭院对外是隐蔽的，从外面只能看到檐口下的天窗，劳依·格朗兹（1905—1981年）创造了一种全内向的构图，在其回避外部世界上是东方式的。翱翔的屋面和上翘的檐口，偏大的前门，粗大的敲门器和完全的对称性使人们想起F. L. 赖特的温斯洛住

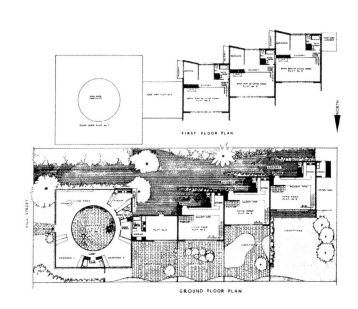

↑ 1 庭院与底层平面（由 N. 克莱勒翰提供）

宅、中国庭院，甚至是小型的帕拉第奥别墅。但是用的材料却提示了格朗兹的个人建筑爱好：W. 伍斯特谦逊的材料拼盘、斯堪的纳维亚细微的简洁性及日本的雅致装饰。在庭院里，格朗兹种植了黑色的竹子和一株柿子树，又一次转向东方。作为与他后

↑ 2 从小山街看建筑夜景
↓ 3 从庭院透过玻璃墙看照明的起居室夜景

来设计的一系列几何形的住宅，以及更大的维多利亚州美术馆（1961—1968）中的一栋建筑，说明了格朗兹在探索一种能糅合东西方的澳大利亚建筑：它是正反结合的理想之家。

（P. J. 哥德）◢

本设计荣获1954年维多利亚皇家建筑师学会的维多利亚建筑奖。

参考文献
⋮

Neil Clerehan, "The Home of Roy Grounds", *Architecture and Arts*, October 1954, pp.14-19.

Philip Goad, *The Modern House in Melbourne 1945-1975,* PhD Dissertation, University of Melbourne, 1992.

↑ 4 建筑与木篱的侧景
↓ 5 白天从起居室越过锥形火炉透过玻璃墙看庭院

照片由澳大利亚维多利亚州立图书馆经格朗兹夫人许可提供

65. 穆勒住宅

地点: 悉尼
建筑师: P. 穆勒
设计 / 建造年代: 1955

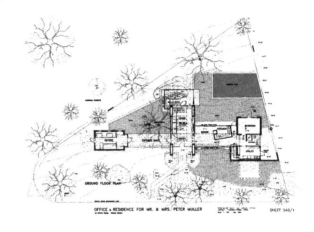

→ 1 场地与建筑底层平面
↓ 2 地面层外观

位于鲸滩的穆勒住宅在1955年的澳大利亚（其他地方或许亦是如此）可称是个早熟儿。它显示了一种生而强有力的构造品质，又少量掺杂了来自亚洲、F. L. 赖特与抽象画的观念。看来抽象的平面是由若干经过精心选择的不同粗糙程度、多岩和灌木丛的场地组合而成，用作办公、起居、卧室等。即使如此，这些场所也只是加了些必要的地板、墙和屋顶而已，让本来的自然

↑ 3 屋顶由轧制锌材覆面的胶合木构成
→ 4 屋面与有顶走道

保持原状。例如，让火炉设置在大型岩石露头边上，或使房屋为现有的树木让位等。

穆勒质疑甚至质问一些基础性的建筑议程如掩蔽与场地、内部和外部等，而在自己的建筑中给予新的定义。他随后的事业把他带到亚洲，特别是巴厘岛，以进行研究和实践。(A. 梅特卡夫)

参考文献

"House at Whale Beach", *Architecture Australia*, Jan-March, 1956.
Taylor, J., *An Australian Identity: Houses for Sydney 1953–1963*, Department of Architecture, University of Sydney, 1972.

↑ 5 室内
↑ 6 横剖面

图纸和照片均由 P. 穆勒提供

66. 奥林匹克游泳馆

地点：墨尔本
建筑师：K. 波尔兰、P. 麦金泰尔、J. 墨菲、P. 墨菲
工程师：W. L. 欧文
设计 / 建造年代：1952，1953—1956

1956年墨尔本奥运会的建筑高潮是奥林匹克游泳馆，它是由四个青年建筑师组成的设计组和他们的工程师W. L. 欧文合作设计的。他们在1952年赢得竞赛的方案，采用了一个出色的支撑在主游泳池和跳水池两边（每边5000座椅）、屋顶覆盖座椅的结构方案。建筑物很简单地用巨型桁架联系，让力互相平衡。泳池两边的钢筋混凝土座椅支在四排钢梁上，后者又由屋顶桁架所固定。桁架的上弦承受钢梁外推力的大部，使每根桁架的跨深比都极为经济。钉式节点被用来形成

↑ 1 西入口外观

↑ 2 从巴特曼大街看的外观

照片由 W. 西弗斯摄影并提供

一种静定结构，再用垂直拉杆使建筑能抗御偏心的风与活荷载。体育场两端的巨大玻璃墙暴露了建筑剖面的结构图形，给人以空间无穷扩张的感觉。虽有多次变更和功能改变，本建筑始终是战后结构理性主义的强有力的实例。在1956年，它使墨尔本成为战后澳大利亚现代性的象征。（*P. J. 哥德*）◢

参考文献
:

Graeme Butler, "Melbourne Olympics 1956: Swimming Pool", *Architect*, June 1980, pp.16-20.

Philip Goad, "Optimism and Experiment: The Early Works of Peter McIntyre 1950-1961", *Architecture Australia*, June 1990, pp. 34-53.

67. 博依德住宅

▌地点：墨尔本
▌建筑师：R.博依德（格朗兹、隆堡与博依德事务所）
▌设计/建造年代：1957—1958

　　由澳大利亚战后最著
名的建筑作家（著有《澳
大利亚家庭》，1952年；《美
国的丑陋》，1960年）罗
宾·博依德（1919—1971
年）为他自己和家庭设计
的第二栋住宅表现了他一
贯地把复杂的创作源泉捏
合在一栋建筑中的手法。
这栋处于近郊的房屋的平
面是一个长方形，用一个
悬挂在钢丝上的木板构成
的垂链曲线的屋顶整个地
覆盖。在屋顶之下没有房
间而只有平台。垂线掠过
整个斜坡场地，其中是一
个庭院，父母和子女寝室
各居一边。水平的窗间隔，
低调的自然装修，固定的

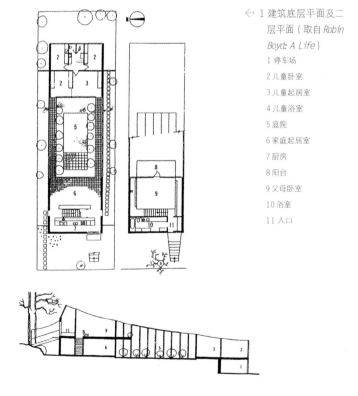

← 1 建筑底层平面及二
层平面（取自 Robin
Boyd: A Life）

1 停车场
2 儿童卧室
3 儿童起居室
4 儿童浴室
5 庭院
6 家庭起居室
7 厨房
8 阳台
9 父母卧室
10 浴室
11 入口

木制家具以及庭院不透明的玻璃墙，都提示了对当代日本建筑设计的先入为主的兴趣。博依德于1961年访问日本后写了《丹下健三》（1962年），其后又一次地访问以进行对《日本建筑新方向》（1968年）的研究写作，他还担任过1970年在大阪举行的世界博览会中澳大利亚馆的顾问。博依德住宅是他一系列旨在提供私密的、遮蔽的和自给自足的花园生活式环境的结构理性主义设计之一。(P. J. 哥德)

参考文献
:

Geoffrey Serle, *Robin Boyd: A Life,* Melbourne University Press, Melbourne, 1995.

Philip Goad, *The Modern House in Melbourne 1945-1975*, PhD Dissertation, University of Melbourne, 1992.

← 2 庭院
↑ 3 从庭院看建筑
↑ 4 起居室内景

↑ 5 从家庭起居室看庭院

照片均由 M. 斯特里兹摄制，由 Vi$copy 公司提供

68. ICI 大厦

地点：墨尔本
建筑师：贝茨、司马特与麦卡琴事务所
设计/建造年代：1956，1959

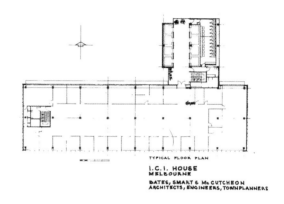

↑ 1 标准层平面
↓ 2 南北向剖面

作为英国的帝国化工公司的国家总部，位于墨尔本的ICI大厦是澳大利亚第一座独立的全玻璃幕墙的商业摩天楼。它以托柱升起，写字间的蓝色线性玻璃板与电梯间墙面表现出不同质感。它打破了城市132英尺（约40.2米）的高度界限，无可挽回地改变了墨尔本中心原来协调的天际线。在其南立面，有遮阳铝板为玻璃和蓝色窗间墙的光滑墙面提供了唯一的表面调整。

它被允许打破高度限制是因为它在地面提供了一个公共花园广场。花园中设置了仙人掌、巨石和生物状的青铜喷泉，这是由雕塑家G.路厄斯与景观设计师J.史蒂文斯与建筑师合作设计的。近期，原建筑师在地面层做了更新和增添，设计仍保留原状，但上层的办公室内部已全部改变。（P. J. 哥德）

↑ 3 外观（W. 西弗斯摄）

↑ 4 庭院（W. 西弗斯摄）
↓ 5 底层平面

图纸和照片均由贝茨、司马特与麦卡琴事务所提供

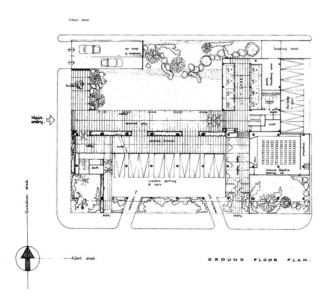

参考文献
⋮

Philip Goad, "Monuments at Risk", *Transition*, 24, Autumn 1988, pp. 50-51.
Special Issue on ICI House, *Architecture Today*, December 1958.

第 **10** 卷

大洋洲

1960—1979

69. 战争纪念堂

地点: 旺阿努依
建筑师: 纽曼、史密斯与格林豪事务所
设计/建造年代: 1956—1957, 1958—1960

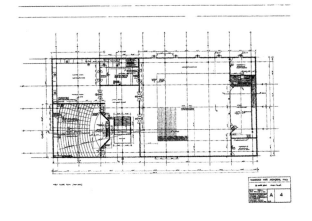

战争纪念堂是一座洁净、纯白的现代建筑，浮起在托柱上。它有个平屋面，其特征是有一开放的混凝土格栅包围其北角。在格栅内约1.5米处是玻璃幕墙。建筑的主入口设在上层的主体之下，用玻璃门通向前厅。一条开放的楼梯导向二层宽敞的、净高为5.5米的主前厅。从此地可通达各主要空间：设有弹性地板和支撑在屋架上的升高顶棚及配有天窗的主厅，400座的音乐厅，以及"先驱室"（上述两个主空间之间的连接，也可分别用作接待室或会议室）。正是先驱室位于建筑物北端，所以才用混凝土格栅。尽管是一公共建筑，纪念堂的平面和细部都很简单，用料的表达直截了当。它是新西兰20世纪50年代现代主义的突出范例。

（R. 沃尔登/J. 嘉特丽）

本设计荣获1961年新西兰建筑师学会金质奖章。

参考文献

Journal of the New Zealand Institute of Architects: Vol. 22, No. 6(July 1955: 127 -128); Vol. 23, No. 2(March 1956: 33 -37); Vol. 23, No. 3(April 1956: 61 -67); Vol. 27, No. 7(August 1960: 167 -180); Vol. 29, No. 3(April 1962: 71).

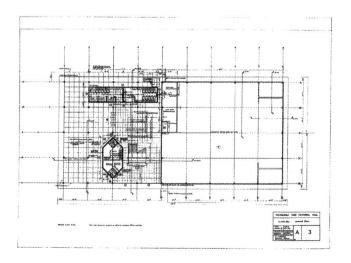

← 1 主层平面
↑ 2 外观一
→ 3 底层平面

← 4 先驱室
↓ 5 外观二

图纸和照片均由 G. 史密斯提供

70. 富图那礼拜堂

地点：惠灵顿
建筑师：J. 司各特
雕塑师：J. 艾伦
设计/建造年代：1958—1959，1959—1961

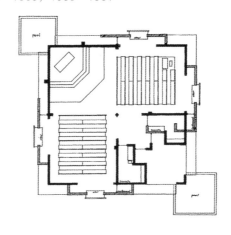

←1 建筑平面
↓2 有伐木柱支撑屋顶
（G.伍德沃德摄）

富图那礼拜堂是一座僻静的天主教教堂。作为太平洋地区的宗教建筑，它是少有的建筑师、雕塑师和建造者的结合产物，被人描绘为"在自然环境中体现了毛利和帕拉族丰富价值……的新西兰建筑"。建筑平面是正方形的，分为四块，用斜屋顶表现，其中两块是庑殿型的，另两块是半山墙型的。四块之一用作入口，使室内具有L形。这种平面把僻静者分别安排在受朗香教堂影响的两组座椅上。两者都面向前面升起的红大理石板的神坛。建筑中央是一株带枝的伐木柱，支撑着暴露的屋顶木结构。墙是粗质的，而地面却用蛇纹大理石。尽管建筑规模很小，建筑物却富有神学及建筑学的参照：它捕捉了哥特式的垂直性和光度，在明亮的晴天，彩色的光线带来了一种独特的玄学转换感。（R.沃尔登/J.嘉特丽）

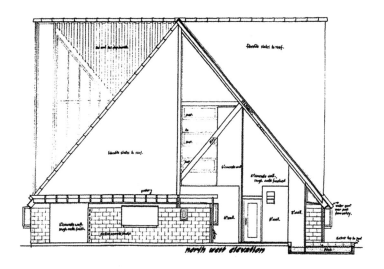

← 3 室内——窗与十字架（雕塑家 J. 亚伦设计）

↑ 4 建筑剖面，表示屋顶支撑方式

↓ 5 设计方案鸟瞰

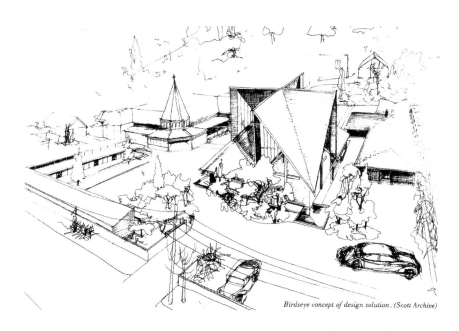

Birdseye concept of design solution. (Scott Archive)

本设计荣获1968年新西兰建筑师学会金质奖章。

参考文献
⋮

Walden, Russell, *Voices of Silence: New Zealand's Chapel of Futuna*, Wellington, New Zealand: Victoria University Press, 1987.

← 6 西北向立面

图纸和照片均由 R. 沃尔登提供

71. 里卡德住宅

地点：悉尼
建筑师：B. 里卡德
设计 / 建造年代：1961

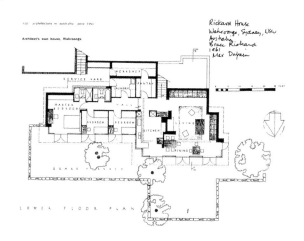

澳大利亚住宅的私有程度很高，许多建筑师的早期设计往往是他们自己或直系亲属的私宅，而建筑师的私宅又提供了可以把当地文脉与他本人所崇拜的建筑英雄的个人影响组成复杂声明的机会。

赖特作品中某些属性特别适宜悉尼周围的家庭生活以及它的灌木景观，包括宽舒的掩蔽屋顶和内外空间的合并，建筑程序的交叠以及澳大利亚硬木和再生砂砖的自然美等。

里卡德在私宅中以明显而又从容的手法充满自信地显示了对场地特征、尺度和空间优雅的敏感，做到了既牢靠又可变。他出生在澳大利亚，在本国受教育后又在美国宾夕法尼亚州立大学取得景观建筑学硕士学位，对赖特的建筑特别欣赏，因而回国后在悉尼的实践中能以独特的澳大利亚方式对有机建筑做出阐释。（N. 廓里）

↑ 1 底层平面
↓ 2 场地平面

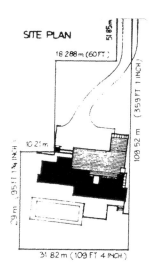

↑ 3 北立面外观（游泳池于 1975 年后加）
↳ 4 起居室
↳ 5 书房

照片由 M. 杜平所摄，图纸和照片由 B. 里卡德提供

参考文献
⋮

Taylor, Jennifer, *Australian Architecture since 1960*, The Law Book Company Ltd, Sydney, 1986.

72. 伍里住宅

地点：悉尼
建筑师：K. 伍里
设计/建造年代：1962

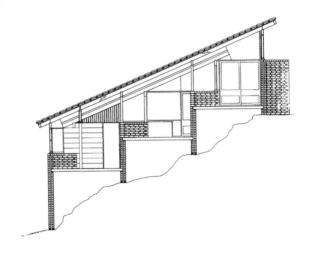

K. 伍里在悉尼北郊的私宅在当时是打破传统的"种子"建筑，在其后的年代中也是澳大利亚居住建筑发展中的一个历史里程碑。

伍里把住宅设计成一系列3.6米见方的模块，每块都处于一斜屋顶之下。这些模块随斜坡地形在水平和垂直方向呈踏步升起和错位，使室内形成开放空间。如他自己在当时所说："设计观念是把地坪做成沿坡而下的花园台阶，部分覆盖于重型木屋盖之下……"

采用诚实、直截了当的粗级未加工的材料组合，由坚实砌体支撑飘浮屋顶，使伍里私宅成为与20世纪六七十年代"悉尼学派"相关的突出范例。这个学派是当时正在涌现的抵抗国际风格的抽象现代主义的地域反抗力量。

（A. 梅特卡夫）

本设计荣获1962年澳大利亚皇家建筑师学会新南威尔士州分会威金森奖。

参考文献

Taylor, J., An Australian Identity: Houses for Sydney 1953-1963. Department of Architecture, University of Sydney, 1972. "Architects Own House", Architecture Australia, December, 1963, pp. 76-79.

← 1 剖面
↑ 2 室内
↳ 3 等轴视图

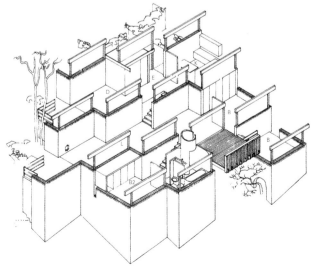

↑ 4 西南面外观
← 5 东南面外观

照片由 D. 莫尔摄制，图纸和照片由 K. 伍
里提供

73. C. B. 亚历山大农学院

> 地点: 托卡
> 建筑师: P. 柯克斯、I. 麦凯
> 设计 / 建造年代: 1963—1964

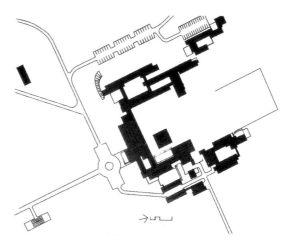

↑ 1 场地平面
↓ 2 尖塔内部结构 (P. 宾姆-霍尔摄影)

C. B. 亚历山大农学院有 50 名学生和 40 名教职员, 位于一个可以俯瞰河谷的山顶。它是由长老会教堂建造的独立寄宿学校, 目的是培养年轻人掌握土地利用技术。建筑群的多种功能用房——小教堂、会堂、餐厅、教室、宿舍、机库等都各有其表现形式(例如小教堂有尖塔, 会堂像古罗马的巴西利卡), 又组成协调的一体, 布置在几个有盖的庭院内, 与草原式的景观柔

↑ 3 礼拜堂尖塔（P. 宾姆－霍尔摄影）

→ 4 宽檐下的走道（P. 宾姆－霍尔摄影）

照片由 P. 宾姆－霍尔摄制，图纸和照片均
由柯克斯、理查森与泰勒事务所提供

和相处。室内外都采用了一些粗壮的材料，如承重的三文鱼色的砖、深褐色的构造复杂的锯木屋架、板木顶棚、混凝土瓦和刨光的木柱廊等。类似民居的形式、简单的矩形平面及产生深暗阴影的宽屋檐等，都追随了令人回味的传统工艺美术，创造了既是当代的又令人满意的语汇。（N. 廓里）◢

本设计荣获澳大利亚皇家建筑师学会新南威尔士州分会1965年J. 苏尔曼爵士与布拉克特奖。

参考文献

:

Dobney, Stephen (ed.), *Cox Architects Selected and Current Works*, The Images Publishing Group, Mulgrave, Australia, 1994, Taylor, Jennifer, *Australian Architecture since 1960*, The Law Book Company Ltd, Sydney, 1986.

74. 温兹沃什纪念教堂

▌ 地点：悉尼
▌ 建筑师：克拉克–伽扎德事务所（D. 伽扎德）
▌ 设计 / 建造年代：1965

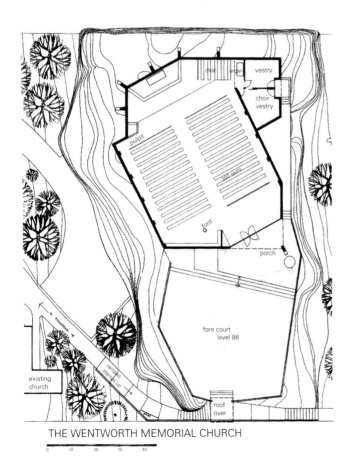

THE WENTWORTH MEMORIAL CHURCH

从四周的郊区都可以看到这座位于山顶的教堂塔楼。塔楼与常规的教堂尖顶有所不同，它更具有世俗性，就像剧院的舞台塔，但仍然是一精神标志。行人可以沿着山腰盘旋而上，经过露头的岩石和残存的灌木，却始终都能从不同角度和视点看到教堂，直至到达教堂前墓地的门口，通过砖铺的前院，进入室内。这里用的是自然表面的木地板和顶棚、白墙，并通过天窗透入阳光。

该教堂是建筑体验的范例，人们从远眺到逐步通过在空间中移动的感

←1 场地与建筑平面
↑2 外观—
↓3 剖面

受，终结于沉思般的近观，然后在封闭的内部感受充盈其内的阳光。构筑材料都是常规的：白色粗粉刷的砖墙、陶土面砖、褐漆的木料以及简单而动态的斜面，达到了奇特的整体视觉体验和感受。

（N. 廓里）

↑ 4 外观二
↓ 5 室内

照片由 D. 莫尔摄制，图纸和照片由 D. 伽扎德提供

参考文献
⋮

Freeland, John Maxwell, *Archi-
tecture in Australia: A History*,
Cheshire, Melbourne, 1968.

75. 昆士兰大学联合学院宿舍楼

地点: 布里斯班
建筑师: J. 毕雷尔
设计／建造年代: 1961—1965

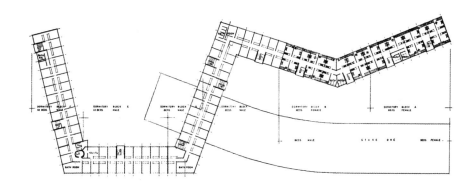

在第二次世界大战终结前的澳大利亚, 大学建筑总要反映牛津大学和剑桥大学的传统。在战后却出现各种模式的现代主义, 从全球化的国际风格到故意塑造的材料以及功能的粗制滥造和直接的表达。

在这座有200名学生的大学的学院建筑中, 采用了不妥协的材料组合: 清水混凝土, 锰砖, 直接图案式的梁柱结构。为了在狭小的场地内保护现场

↑ 1 平面
↑ 2 建筑外观一

↑ 3 建筑外观二
↓ 4 立面

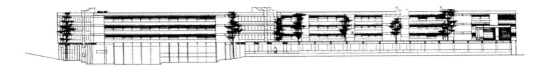

的桉树，这座三层高的宿舍楼以随意的、松散的方式布置其翼部，并部分地支撑在托柱上。后者在尺度上有点类似于英国的拱廊传统，但它的曲柄式的抽象构图却是独一无二的。平面上生成了两个不对称的庭院，其中一个是全封闭的。餐厅、休闲厅和教职员部分设在底层。为适应亚热带气候，窗系统在低层是下悬的，而上层则是中悬的，金属框双层玻璃内置百叶板。建筑要素的精选加上有力的内部设计组合产生了一种强有力而节制的美学效果。

（N. 廓里）

参考文献
⋮
Taylor, Jennifer, *Australian Architecture since 1960*, The Law Book Company Ltd, Sydney, 1986.
Wilson, Andrew & Macarthur, John, eds, *Birrell: Work from the Office of James Birrell*, NMBW Publications, Melbourne, Australia 1997.

↑ 5 庭园
↑ 6 室内

图纸和照片由 J. 毕雷尔提供

76. 阿什菲尔德住宅

地点: 惠灵顿
建筑师: I. 阿什菲尔德
设计/建造年代: 1965—1966, 1969, 1972, 1980—1982

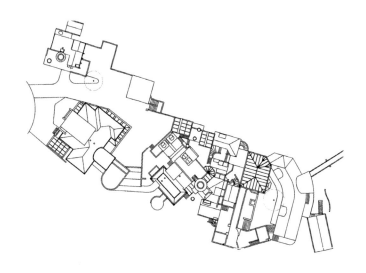

阿什菲尔德并不把建筑视为"固定"的、有终点的，而倾向于把它视为"无始无终"的。这种观点在他自己的住宅设计中最为明显。一群白色粉刷的质体被搁置在俯瞰惠灵顿市的陡山坡上，充分利用了地形，成为一个知名的标志。它开始时只是个社交核心（1965—1966年），后来加上卧室翼（1969年）、工作室和观景楼（1972年），然后又添加了游泳池和建筑师办公室（1980—1982年）。形成的屋顶群就像一个地中海村庄。建筑能恰当地供生活、工作和建造用。从

← 1 场地图
↑ 2 外观一
↓ 3 剖面

↑ 4 部分外景
← 5 室内
→ 6 细部

↑ 7 外观二

图纸和照片均由 I. 阿什菲尔德提供

它的组合平面图就能看到建筑师所设计的多个层次并能想象他要继续添加的部分。然而，在动态的外观里面，却是洞穴式的内部，造成了隐居的情调，使住宅有私密、温暖和悠闲的感觉。墙是白的，地板是砖的。在多个方面的不妥协性使该住宅体现了土生土长的直接性和建筑师—居住者的任意个性。

（R. 沃尔登/J. 嘉特丽）

参考文献

Stacpoole, John, and Beaven, Peter, *New Zealand Art: Architecture 1820-1970*, Wellington, New Zealand: AH & AW Reed, 1972.

Walden Russell, "Two Houses in New Zealand—Architect: Ian Athfield", *Architectural Review, Vol. CLXXI, No. 1023* (May 1982: 48-52).

77. 澳大利亚广场

地点: 悉尼
建筑师: H. 赛德勒
结构工程师: N. 奈尔维
设计 / 建造年代: 1961—1967

→ 1 场地平面

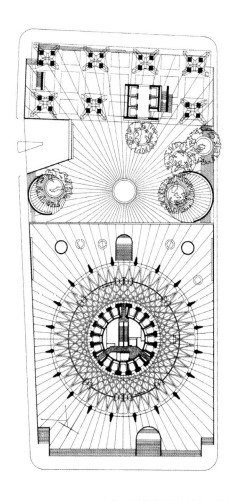

构成澳大利亚广场的是一些基本的建筑要素。最主要的是50层高的塔楼: 一座高且大的白色圆筒体, 以垂直方向用肋条, 水平方向用暗色的条形窗带、深蓝的窗间条板和每层都设置的白色石英贴面的边梁作为表现手段。在第19层和第35层设内缩的设备层, 顶层设有百叶的屏挡。从远处看, 深色的玻璃和窗间板条几乎融合为一, 使外部看来像是简单的垂直与水平格块包围了圆筒。

在场地东端的13层高的广场大厦是简单的矩形块体, 用以四根柱子成一

↑ 2 总裁接待室
← 3 底层结构

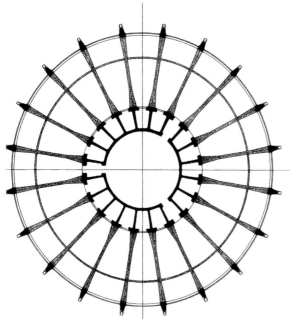

↑ 4 奈尔维的结构细部
↑ 5 塔楼外貌，表示外柱的逐渐减小和顶棚的外露结构
↓ 6 标准层结构

组的七组柱群支撑升起在地面之上，就像餐厅服务员用手指托住餐盘一样。大厦的东西立面每层都有铝质遮阳板。在东立面为单层，而在西立面则由于没有相邻建筑的遮挡为双层，其中一层为固定的，另一层为活动的。然而，澳大利亚广场的建筑价值不仅在于它的形式，还在于它通过社交性的广场设置，为悉尼市提供了一个主要的现代公众空间。（N. 廓里）

本建筑荣获澳大利亚皇家建筑师学会新南威尔士州分会1967年公共建筑设计奖与J. 苏尔曼爵士奖。

参考文献
⋮
Frampton, Kenneth and Drew, Philip, Harry Seidler, *Four Decades of Architecture*, Thames and Hudson, London, 1992.
Seidler, H., *Australia Square*, Horwitz, Sydney, 1969.

← 7 室外公共空间
↑ 8 外观
↓ 9 内景

照片由 M. 杜平摄制，图纸和照片均由 H. 赛德勒事务所提供

78. 赛德勒住宅

地点: 悉尼
建筑师: H. 赛德勒
设计 / 建造年代: 1966—1967

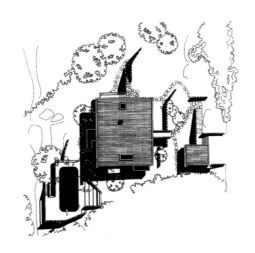

← 1 场地平面
↓ 2 正面外观
→ 3 后面外观

　　本建筑在材料质地、大小、建筑体验和反映等方面都是杰出的。它位于一个大场地上，周围是大片的灌木。结构主题强烈，用混凝土砌块墩支托不同标高的混凝土楼板，使其脱离地面。平面总的说来是矩形的，但在水平和垂直方向的平面型空间分隔却魔术般地产生了一系列好像是相互分离但又有一定的连续感的飘浮面。混凝土的斜屋顶在其边沿有向下翻的边梁和挑

↑ 4 室内
← 5 雕塑
↘ 6 建筑平面

照片全由 M. 杜平摄制，图纸和照片由 H. 赛德勒事务所提供

檐，起遮阳的作用。清水
混凝土和砌块在室内外都
是裸露的；顶棚用木板，
另加一大型石砌的火炉。
整个建筑被赋予一种强烈
的雕塑感。〔N. 廓里〕

本建筑荣获1967年澳
大利亚皇家建筑师学会新
南威尔士州分会威金森奖。

参考文献

Frampton, Kenneth and Drew,
Philip. Harry Seidler, *Four Dec-
ades of Architecture*, Thames
and Hudson, London, 1992.
Taylor, Jennifer, *Australian Ar-
chitecture since 1960*, The Law
Book Company Ltd, Sydney,
1986.

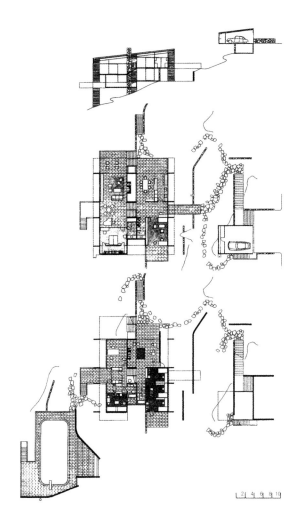

79. 市政厅

地点: 克赖斯特彻奇
建筑师: 沃伦与马霍妮事务所
设计/建造年代: 1965—1968, 1968—1972

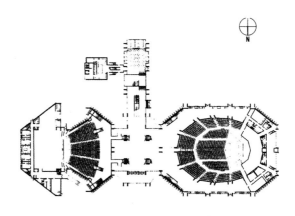

↑ 1 底层平面

↑ 2 菲立尔喷泉与莱姆斯堂

克赖斯特彻奇的市政厅是一个综合而庄严的建筑群体。各主要部分分别处理各自表现。于是我们可以看到椭圆鼓形的主礼堂、扇形的音乐厅、盒式的舞台踏楼等，造成了不规则和不正式的外观，然而又是生动和令人兴奋的。附近的公园和河流又为它增添了风光。在内部，中央大厅能有条不紊地通向各主要空间，允许人们在休息期间漫步其中。主礼堂的音响效果举世闻名。大型声反射板飘浮在观众厅座位之上，后者从舞台起分成多组。礼堂高度和吊顶形状是由选定的混响时间所决定的。整个群体的装修很是简单：用白色水泥掺石英砂粉刷的混凝土墙柱现浇清水的梁，石英屑和有限的大理石贴面，莫兰梯木料，预制混凝土槽，混凝土砌块的墙板等。到处都采用双柱，它成为一种起统一作用的要素。这是一家后来成为新西兰最佳建

↑ 3 礼堂
↓ 4 二层平面

筑设计所设计的早期作

品。(R. 沃尔登/J. 嘉特丽)◢

参考文献
⋮
Journal of the New Zealand
Institute of Architects: Vol. 31,
No. 7(August 1964: 227); Vol.
33, No. 3(March 1966: 94); Vol.
33, No. 10(October 1966: 292-
326); Vol. 36, No. 10(October
1969: 325); Vol. 39, No. 10(Oc-
tober 1972: 292-303); Vol. 40,
No. 6(June 1973: 156-159).

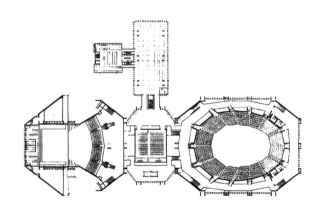

↑ 5 会议中心细部一（1997 年建成）
↳ 6 室内
↓ 7 会议中心细部二（1997 年建成）
↓ 8 纵向剖面

图纸和照片由沃伦与马霍妮事务所提供

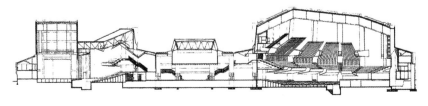

80. 悉尼歌剧院

地点: 悉尼
建筑师: J. 伍重, 霍尔、托德与利多莫尔事务所
设计/建造年代: 1957—1973

约恩·伍重于1957年有关悉尼歌剧院的设计竞赛中以其将两个大厅切入体量巨大的底座并覆盖轻质混凝土壳体的构思取胜。这种轻与重的二元对立来源于建筑师对印加文化中踏步式平台庙宇和哥特式大教堂屋盖的研究,显示了他对跨文化源泉的神奇综合能力。设计的进一步发展又表明伍重对构筑技术的刻意追求,他寻求能将雕塑性表现与合理施工所需要的标准化相结合的技术途径。

经历与政府业主在造价、建筑设计文件和交付日期等问题上的长期争

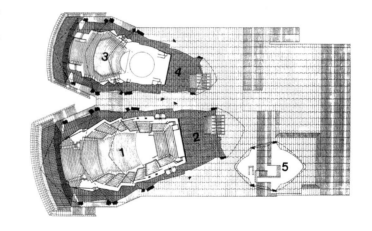

↑ 1 主厅平面
　（1.音乐厅; 2.音乐厅前厅; 3.歌剧院; 4.歌剧院前厅; 5.主餐厅）

↗ 2 结构吊装

↑ 3 从悉尼港看歌剧院（罗小未摄影）
↓ 4 屋顶结构

论后，伍重在外部壳体完工后就辞去了建筑师的职务。悉尼的霍尔、托德与利多莫尔事务所被聘请接手剩余工作直到项目完工。尽管他们的内部设计和伍重的构思有相似之处，但必须承认室内工作是这些悉尼建筑师完成的。

歌剧院的大型底座把建筑牢靠地固定因而宣称与大地的结合了。另一方面，壳体仅在很少几个点接触地面，它貌视地心吸

↑ 5 夜景

↓ 6 音乐厅主轴剖面

（1.车道；2.通向前厅的楼梯；3.前厅、售票、衣帽；4.音乐厅前厅；

4a.漫步客厅；5.风琴楼；6.音乐厅；7.排练；8.剧院；9.剧

院舞台；10.排练室/录音室；11.电影厅/室内乐及展览前厅）

↓ 7 歌剧厅主轴剖面

（1.车道；2.通向前厅的楼梯；3.前厅、售票、衣帽；4.歌剧厅前厅；

4a.漫步客厅；5.歌剧厅舞台；6.歌剧厅客厅；7.歌舞厅客厅；

8.台下面积；9.餐厅）

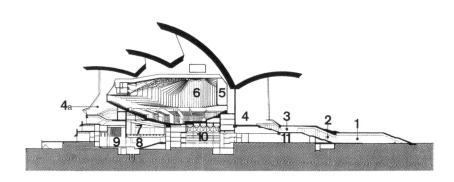

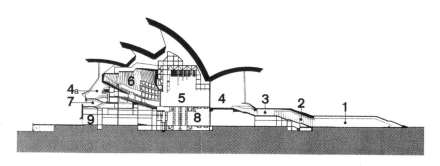

力因而属于天空，但又从
不显示不稳定性。伍重的
悉尼歌剧院使我们深思，
它向我们提示了玄学场所
的奥秘，勾画出地形表面
和无限空间之间的轮廓。
（A. 梅特卡夫）

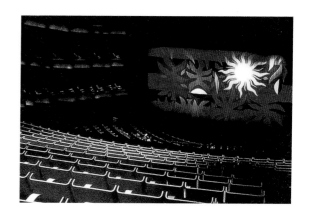

1992年荣获苏尔曼纪
念奖。

参考文献
:

Giedion, S., *Space Time and
Architecture*, *The Growth of
a New Tradition*, Cambridge
Mass., 1967, 5th ed.Kerr, J.
S., *The Sydney Opera House
Interim Conservation Plan*, Syd-
ney Opera House Trust, Syd-
ney,1993.
Jack Junz (Sydney Revisted),
The Arup Journal, Vol. 23,
No.1,Spring, 1988, Ove Arup
Partnership, London.

← 8 屋顶结构细部（刘开济摄影）
↑ 9 歌剧厅
↑ 10 音乐厅

图纸由 J. 泰勒提供，所有照片（除注明的外）均取自 Spring 出
版社 1988 年出版的 *The Arup Journal*

81. 卡梅伦办公大楼

地点：堪培拉
建筑师：J. 安德鲁斯
设计/建造年代：1971—1976

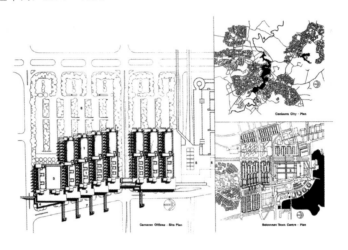

Cameron Offices · Site Plan
Canberra City · Plan
Belconnen Town Centre · Plan

在20世纪70年代早期，约翰·安德鲁斯继在加拿大取得事业成就（设计了像多伦多大学斯卡布罗校区和哈佛大学设计研究生学院等建筑）之后回到了澳大利亚。他被澳大利亚政府委托设计位于首都堪培拉外20千米处的贝尔柯能镇的卡梅伦办公大楼项目。

这栋大楼将继续由原来的雇主调查统计局所使用。作为一座郊区城市的办公建筑，它提供了一种与众不同的有争议的模式。安德鲁斯对任务书中提出的五座高层塔楼的方案提出异议，而建议用低层代替。他的方案是手指形的七个翼，把办公空间和中间庭院相交替，并用一横向流通用的跨桥联系各手指的一端，成为在各手指内的部门的相互访谈和行政办公场所。

这座办公建筑是一项统领性的建筑，尺度雄伟，形式抽象，用现浇混凝土和玻璃为主要材料。

它不但在形式上影响了其周围建成的贝尔柯能镇中心的面貌，还成为70年代堪培拉城市规划和建筑设计的历史象征。（A. 梅特卡夫）

参考文献

Taylor, J. and Andrews J., *John Andrews: Architecture, a Performing Art*, Oxford University Press, Melbourne, 1982.
Taylor, J., *Australian Architecture since 1960*, Law Book Company, Sydney, 1986.

← 1 场地平面
↑ 2 外观
↘ 3 局部剖面

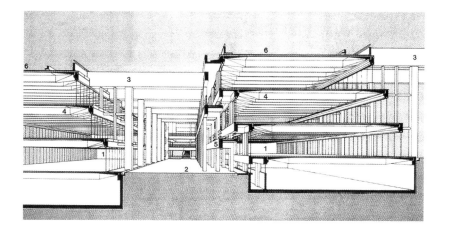

↑ 4 局部外观
← 5 自北看的总貌

→ 6 庭园一
↓ 7 庭园二
↓ 8 庭园三

照片由 D. 莫尔摄制，图纸和
照片均由 J. 安德鲁斯国际设计
公司提供

82. 国家体育场

> 地点: 堪培拉
> 建筑师: P. 柯克斯
> 设计 / 建造年代: 1975—1977

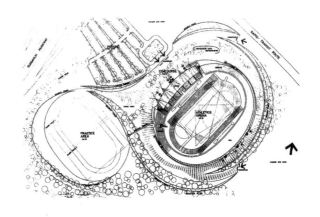

↑ 1 场地平面
↑ 2 夜景
↳ 3 外观

从政府支持体育活动的角度来说,堪培拉的国家体育场是走向新领域的一个尝试。这是在澳大利亚首次建造的一座大型体育场,也是澳大利亚体育学会设施的第一个组成部分,它后来成为全国各种体育活动的中心。

菲利普·柯克斯的设计,富有信心地掌握了场地特征和受拉结构的先进技术。尽管项目投资有限,柯克斯本人也少有此类大型工程的经验,然而

↑ 4 看台
↓ 5 细部

照片由 M. 杜平摄制，图纸和照片均由柯克斯、理查森与泰勒事务所提供

他却巧妙地把看台屋盖与一个围绕场地边沿和热身跑道的长土堤相结合，既节省了投资，又为整个项目确立了宏伟的运作尺度。为支撑屋盖，添加了五根有拉缆和桅杆的悬索，桅杆的位置放在入口和建筑重要地段，形成凯旋门式的标志。

对柯克斯来说，国家体育场展示了他的设计天才，从而使体育建筑成为他事务所近年的主要设计项目。（A. 梅特卡夫）◢

本设计荣获1997年澳大利亚皇家建筑师学会新南威尔士州分会佳作奖。

参考文献
⋮
(Australian Architects Series) Philip Cox, Richardson Taylor and Partners. *RAIA*, Canberra, 1988.
Taylor, J., *Australian Architecture since 1960*, Law Book Company, Sydney, 1986.

83. 新几内亚航空公司职工住宅

地点: 科罗贝萨
建筑师: R. 霍尔、D. 科林斯
设计 / 建造年代: 1978

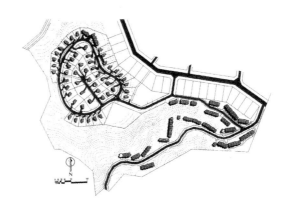

↑ 1 场地平面
↓ 2 独立住宅与集合住宅的建筑平面与剖面

本项目为位于巴布亚新几内亚首都地区的科罗贝萨的一个以102栋集合住宅（每栋内有三个至七个两卧室或三卧室的单元）和50栋独立住宅（两卧室或三卧室）组合成的群体。

该群体的设计、布局和材料选择特别考虑了富有挑战性的山地特征、热带气候以及长时间的旱季和强降雨时期，加上本地日益重要的治安问题等因素。沿陡坡等高线的细心

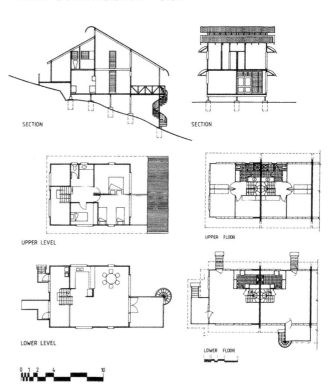

← 3 总貌
↓ 4 集合住宅建筑剖面

布置和设计保证了最大程
度的自然通风和最佳景观
视点。宽挑檐遮蔽了烈日
和暴雨。室外空间有良好
的遮蔽和行人途径，提供
了舒适的环境和当地人所
习惯的室外生活方式。车
流限于一条环路，并尽量
考虑了保存原来的树木和
植被。木墙与自然环境和
谐配合。在设计中还恰当
地考虑了安保措施。(R. 米
拉尼)◢

参考文献
⋮

Australian Architects: Rex Ad-
dison, Lindsay Clare & Russell
Hall, Royal Australian Institute
of Architects, Education Divi-
sion, Manuka, A.C.T., 1990.

↑ 5 集合住宅
↑ 6 独立住宅

图纸和照片由 R. 霍尔事务所提供

第 **10** 卷

大洋洲

1980—1999

84. 杰克逊私宅

> 地点: 肖汉姆
> 建筑师: 达里尔·杰克逊
> 设计/建造年代: 1979—1980

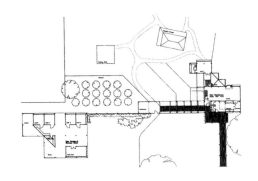

→ 1 场地平面
↓ 2 花园

达里尔·杰克逊在澳大利亚维多利亚州肖汉姆的家庭农场，位于墨尔本以南的莫宁顿半岛上。它受现场已有民间农房的启示，并取材于美国20世纪六七十年代角切木结构的形式，成为澳大利亚"灌木木工"的富有意义的一次习作。他设计了由木廊连接的一所住宅和一座谷仓。两者均用瓦楞铁屋面，倾斜以反映地面坡度。住宅外包木板，而谷仓的外围则用铁皮。

↑ 3 总貌
→ 4 室内

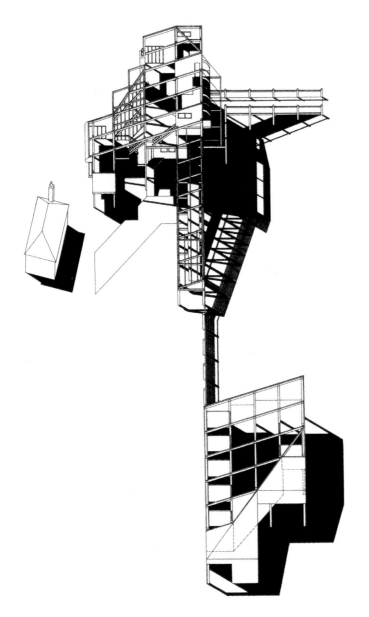

住宅内部设非规则的四层，其尺寸大体上与谷仓相称。和当时他在其他建筑中采用的相仿，有一系列格子式的屏蔽给大玻璃窗提供遮阳。本建筑堪称是澳大利亚民居传统的历史信息的观察结果，同时也是对发展这种传统的一项贡献。（A. 梅特卡夫）◢

本设计荣获1982年澳大利亚木建筑设计奖。

参考文献

Taylor, J., Australian Architecture since 1960, Law Book Company, Sydney, 1986.

↑ 5 等轴视图

照片由 J. 哥林斯摄制，图纸和照片均由达里尔·杰克逊设计公司提供

85. 尼可拉与卡鲁瑟斯住宅

地点：欧文山
建筑师：G. 穆尔克特
设计/建造年代：1980

这两所住宅位于悉尼附近的一个幽秘的山区农场内。它经过细心的选址，以达到二者之间既有接触又有私密性的场址特征。它的设计证实了穆尔克特善于引用澳大利亚建筑原型于当代建设任务而不落俗套的卓越能力——在本设计中这种原型就是民居农舍与有关气候控制的知识。

设计中考虑了在开放的起居室和私密的浴室之间的平衡，并采用木框结构和瓦楞铁屋顶，使人们想起传统住宅。但作为平衡，又为使用可更新材料的低层建筑展示了未来。

↑ 1 室内一

↑ 2 尼可拉住宅外观
↓ 3 卡鲁瑟斯住宅外观

现在这种做法已经比20世纪70年代时更为普及了。它们是穆尔克特创作生涯中的一个里程碑，从而确立了他的国际声誉。在它们建成12年后，他赢得了阿尔瓦·阿尔托奖。*(A. 梅特卡夫)*

本设计荣获1981年澳大利亚皇家建筑师学会罗宾·博依德奖。

参考文献
⋮
Metcalf, A., "Flashing Forms of Corrugated Steel for Weekend Farmers", *AIA Journal*, August 1982, pp. 62-64.
Fromonot, F., *Glenn Murcutt Works and Projects*, Thames and Hudson, London, 1992.

↑ 4 室内二
↑ 5 室内三

图纸由澳大利亚形象图书馆提供，照片由 M. 杜平摄制并提供，均经建筑师同意

86. 朗朗剧院

地点：戈罗卡
建筑师：P. 弗雷姆、R. 艾迪生
工程师：奥雅纳太平洋公司（J. 赖德）
设计／建造年代：1982

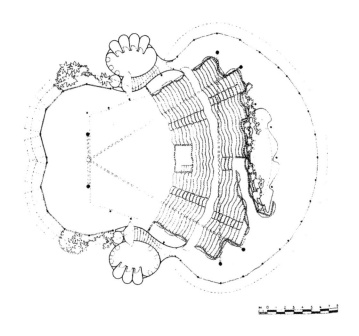

↑ 1 底层平面

建于巴布亚新几内亚的东高地省戈罗卡市的朗朗剧院是由国家文化委员会建立的一个巡回剧团的基地，其目的是为了促进本国的文化认同。剧院建筑吸收了传统建筑的形式和材料，为村民和城市观众创造了一个备受欢迎的环境。

建筑屋顶是向上升起的金字塔形，由木及剑麻草筑成，使人想起高地常见的圆屋，但尺度要大得多。跨度为20米、高度为18米的建筑屋顶由三根相互交错的平行弦桁架及细一点的支承和拉杆所支撑。

↑ 2 主剧场外观，显示屋顶开口
↓ 3 室内
→ 4 剧场的木结构

剧院中不用正规座椅或地板，而是把成排的木柱随着地面起伏夯入地内，在夯实的地面上做成座位，舞台在底层，由屋顶和地面形成其边框。（R.米拉尼）◢

本设计荣获1986年巴布亚新几内亚国家佳作奖。

参考文献

Keniger, Michael, "The Raun-Raun Theatre, Goroka, Papua New Guinea", *Architecture Australia*, Vol. 72, 1983, pp. 52-53.
Australian Architects: Rex Addison,Lindsay Clare & Russell Hall, *Royal Australian Institute of Architects, Education Division*, Manuka, A.C.T., 1990.

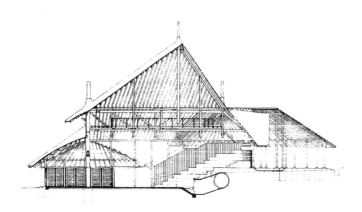

RAUN RAUN THEATRE 1979-1981

↑ 5 剧场侧厕所
↑ 6 鸟瞰总图
← 7 纵向剖面

87. 尤拉拉旅游休闲地

> 地点: 尤拉拉
> 建筑师: P. 柯克斯事务所
> 设计/建造年代: 1981—1984

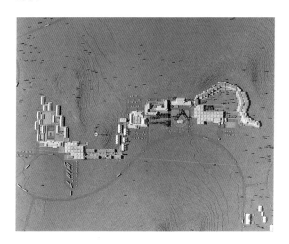

→ 1 场地平面

艾尔斯岩（又称"乌鲁鲁"）是位于澳大利亚中部的一块有1000英尺（约304.8米）高的巨大地质单岩。在这块巨岩边上修筑一个旅游休闲地，体现了双重的意义：既能看到奇特的地质现象，又能成为土著民族的传奇式的勇气和理智肖像。乌鲁鲁是人们注意的焦点。被命名为"尤拉拉"的休闲地离开它足够远以致不会亵渎它，又足够近从而能越过那无情的红土及荆棘

↑ 2 从西北空中看旅游区及远方的艾尔斯岩

← 3 帆结构遮阳板与泳池
↑ 4 全貌
→ 5 游客中心入口

↑ 6 帆结构遮阳板细部

↓ 7 剖面

→ 8 立面

照片由 J. 哥林斯摄制，图纸和照片由柯克斯、理查森与泰勒事务所提供

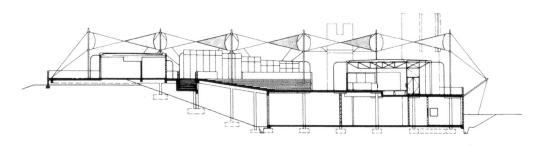

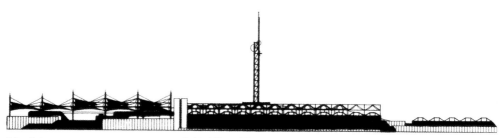

Visitors Centre　　　　　　　　　　　Residential Flats and Mall

Shopping Facilities　　　　　　　　　　　　　　　　Communications Dish

Resort 2 Central Facilities　　　　　　　　　　　　　　Resort 2 Rooms

丛生的景观而看到它的全貌。尤拉拉实际上是个村庄，其平面布局蜿蜒地伸过平原，各点都有自己的景观轴线，又有一系列功能明确的室外集合场所，并且都由阴影充足的行人走道联系。建筑物与室外空间都提供了躲避恶劣气候和紧张的自然领域场所，但在色彩和组织上又与之适应，使人们始终感受到附近的残酷环境的存在。本休闲地也是运用生态持久设计的早期尝试：成片的太阳能集热器、双层屋顶、室外空间的织物遮蔽以及现场的污水处理厂等。结构是支撑在混凝土砌块承重柱上的钢质空间桁架，柱子表面用沙漠砂进行了粉饰处理。（N. 廓里）

本设计荣获1985年必和必拓公司（BHP）的澳大利亚钢结构奖，1985年澳大利亚皇家建筑师学会北领地分会特拉西佳作奖，1985年澳大利亚皇家建筑师学会泽尔曼·科温爵士奖。

参考文献
：

Quarry, N., *Award Winning Australian Architecture*, Craftsman House, Sydney, Australia, 1997.
Dobney, Stephen(ed.), Cox Architects, *Selected and Current Works*,The Images Publishing Group, Mulgrave, Australia, 1994.

88. 巴布亚新几内亚国会大厦

地点：瓦伊伽尼
建筑师：C. 贺根（国家公共工程与供应局），P. 索尔普事务所
设计/建造年代：1984

巴布亚新几内亚的传统设计、本土艺术形式和当地木材均被细心地综合在本设计之中。

建筑群由三栋建筑组成，但处于两公顷面积的同一屋顶之下，它使人想起本国塞匹克河流域内的传统神灵建筑（坦姆巴兰屋）的纪念性屋顶风格。

第一栋建筑包括大厅、会议厅和旁听席。人们从一个巨大的三角入口进入大厅，入口用当地人工制作的锦砖贴面，这又是取材于坦姆巴兰屋。在内部，大厅设精雕的柱杆和各省图案的花梨木墙。在这栋建筑的会议厅和旁

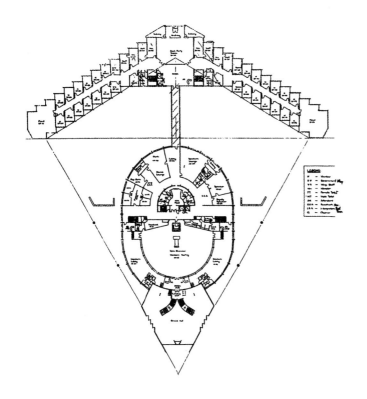

↑ 1 场地平面（由 R. 米拉尼提供）
→ 2 国会大厦外观（R. 米拉尼摄影）

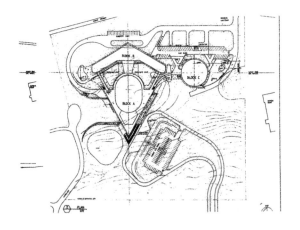

听席上空的顶棚有一大幅
画面。

　　另一栋建筑是首相套
房和行政办公室。

　　娱乐区取材于高地的
传统圆屋。设施包括议员
和来宾餐厅、游泳池、烧
烤区、手球房、桑拿浴
室、职工餐厅和剧院等。
（R. 米拉尼）◢

参考文献

*Destination Papua New Guin-
ea*, produced and copyright by
Destination Papua New Guinea
Pty. Ltd., Port Moresby, Papua
New Guinea, pp. 26-27, 1995.
Briggs, Mike, *Parliament House
Papua New Guinea,* Independ-
ent Books (P.O. Box 168, Port
Moresby, PNG), 1989.

↑ 3 建筑平面（由 R. 米拉尼提供）
↑ 4 国会大厦外观（R. 米拉尼摄影）
← 5 国会大厦全貌

↑ 6 建筑师构思草图
↓ 7 室内

↑ 8 C- 建筑（仿民居圆屋）
← 9 议长座席与上部雕塑
↓ 10 建筑装饰细部图

图纸和照片（除另有说明）均取自
Parliament House Papua New Guinea，Port
Moresby 提供（Rocky Roe Photographics 摄
影），并得到巴布亚新几内亚国家档案馆许可

89. 河边中心

▌ 地点：布里斯班
▌ 建筑师：H.赛德勒
▌ 设计/建造年代：1983—1986

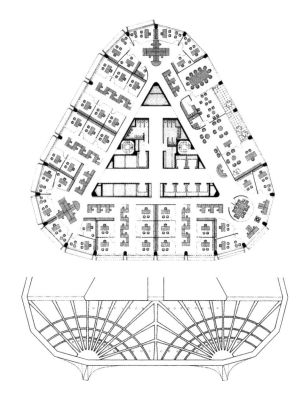

← 1 广场平面
↓ 2 塔楼楼面结构

布里斯班的河边中心处于这个亚热带城市中央商务区的一端，占有河岸的两公顷土地，内有证券交易所和40层高的写字楼。

由于其精心设计的三角平面，本建筑的三分之二的窗口都能看到河景。另一建筑决定因素是阳光控制：在北、西立面每扇窗上都用固定的铝板遮阳，而处于阴影的南立面则没有任何保护，显示了萨丁产的塔楼的灰色大理

石贴面。在街面的场地规
划使人想起巴西景观建筑
师罗伯·布尔·马克斯的
曲线构图，它包括多种环
境设施，如高程变化、零
售商店、台阶、喷泉、绿
化和一个摆渡码头。从城
市设计角度看来，赛德勒
的设计指出了今后河岸再
生的前景。

通过聪明、合理的规
划，自然的阳光控制，和
卓越的结构方案，河边中
心作为赛德勒在20世纪末
期设计的几个商业建筑之
一，已为本地区此类建筑
设计确立了一个构架。(*A.
梅特卡夫*)

参考文献
⋮
"Riverside Centre", *Constructional Review*, Vol. 61, No. 1,
February 1988.
Frampton, K. and Drew,P., *Harry
Seidler—Four Decades of Architecture,* Thames & Hudson,
London, 1994.

← 3 从东部空中看全貌
↑ 4 从塔顶看广场及河边人行道

↑ 5 围绕芯部的客厅及雕塑

↑ 6 从客厅看顶棚结构

↓ 7 建筑剖面

照片由 J. 哥林斯摄制，图纸和照片均由 H. 赛德勒事务所提供

Section through Base of Tower and Plaza
RIVERSIDE BRISBANE

90. 澳大利亚国会大厦

地点: 堪培拉
建筑师: 米契尔/乔哥拉与索尔普事务所
设计/建造年代: 1981—1988

建筑师是在1980年经过一次国际设计竞赛选定的。他们最初的设计构思是一个圆内的横向轴线，叠上两条曲线的踏步墙以限定一低塔形剖面。这一构思在后来复杂的任务书发展和施工现实中居然得到保持。国会山的位置是由堪培拉原总体规划人W. B. 格里芬所确定的，他把它视为人民的场所，比国会的建筑更处于主宰地位，米契尔/乔哥拉与索尔普的设计是一个巨大的以草覆盖的斜屋顶，向公众开放。在顶部设一支撑在一个不锈钢四脚架上的国旗旗杆。屋盖限定在巨

←1 景观与底层平面

↑2 国会大厦的大游廊和公众入口。有节奏的白色大理石柱墩成为通向开放的、晒透阳光的、红花岗石铺面的前庭的背景

→3 由澳大利亚雕塑家 R. 布劳与大厦设计组紧密结合设计并以不锈钢管制作的澳大利亚国徽，位于国会大厦的公众入口

↓4 从格里芬湖看总体立面（竞赛方案）

↑ 5 国会大厦的下议院内在二层设置公众旁听席，三层的隔音挑台可让老师向来此参观的学生进行讲解，或向访问团进行口译介绍

↑ 6 从国会大厦的大游廊向西看。各种不朽的材料——花岗石、大理石、预制混凝土、青铜等用来保证大厦达到任务
书所要求的 200 年最低寿命

↑ 7 从前庭院进入的公众前厅，是国会大厦的第一个纪念性室内空间，由大楼梯和电梯通向二层。在此，公众可以自由走向本建筑的各主要空间

← 8 国会大厦的上议院厅，丰富活跃的赭红色调反映了建筑师试图将英国传统两院的色彩按澳大利亚自然景观进行调整的努力。天窗的活动百叶（可手工或自动操作）使自然阳光的变化得以充实室内气氛

↓ 9 国会大厦的大厅可用作国会宴会（700座）、正式活动及其他国事场合。大厅中设由澳大利亚画家 A.博依德与建筑师结合创作的大型壁毯，由墨尔本的维多利亚壁毯厂手工织制，把人们的视线引向南端的议长席

大的曲线墙之间，覆盖了四个功能部门：上下两院、政治家用房和专门入口，第四部分是公众入口、大门廊和前厅。由此确定了层级系统——国家标志在公众之上，而后者又由当选的代表所支持。在室内，特别是在上下两院之中，有精细的装饰，细心选择的材料和装修，以及为特定场合选择的艺术作品。(N. 廓里)

本设计荣获1989年澳大利亚皇家建筑师学会泽尔曼·科温爵士奖。

参考文献
:

Quarry, N., *Award Winning Australian Architecture,* Craftsman House, Sydney, 1997.
Jahn, Graham, *Contemporary Australian Architecture,* G+B Arts International, Switzerland, 1994.

↑ 10 从国会大厦公众入口沿轴向北看，1927 年建成的临时国会大厦和战争纪念堂构成了宽阔的景观，形成了诚实设计的中轴线
↓ 11 总体构思

照片由 J. 哥林斯摄制，图纸和照片由米契尔 / 乔哥拉与索尔普事务所 (堪培拉与悉尼) 提供

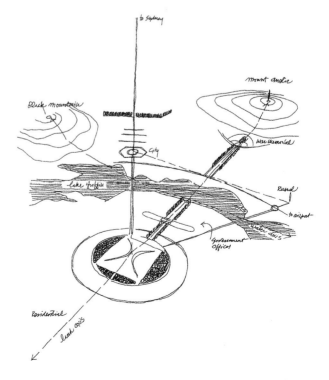

91. 悉尼足球场

地点：悉尼
建筑师：柯克斯、理查森与泰勒事务所
设计/建造年代：1985—1988

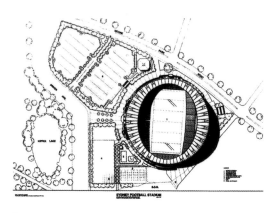

↑ 1 场地平面
↓ 2 看台

悉尼足球场包括了一个矩形的比赛场和混凝土框架的看台，其周边的屋盖则是钢架的，用桅杆和钢缆架起，形成一椭圆带以雕塑式的活力上下起伏。其形状的理性美感和随观众视线和选择性（场中座位增加）变化的宽度（在人群最容易集合处为30米，在球门端为10米）是在郊区邻里边上尽量压低建筑尺度的一种尝试。在夜间，电视广播的灯光成为景观，而在白天，起

↑ 3 空中看到的全貌

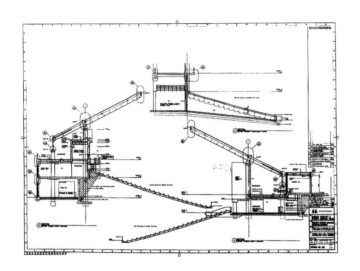

伏的巨大屋顶也向人们许诺即将进行的球赛的精彩壮观。该足球场可容纳40000名观众，其中25000名在覆盖之下。它是为橄榄球联盟（Rugby legue）的比赛而建的，但橄榄球联合（Rugby union）和足球赛也可使用其场地。（N. 廓里）◢

↑ 4 剖面
↓ 5 屋盖结构
↓ 6 电脑设计的立面

照片由 P. 宾姆－霍尔摄制，图纸和照片由柯克斯、理查森与泰勒事务所提供

本设计荣获1988年杰出工程奖。

参考文献
...

Dobney, Stephen(ed.), *Cox Architects, Selected and Current Works,* The Images Publishing Group, Mulgrave, Australia, 1994.
Jahn, Graham, *Contemporary Australian Architecture*, G+B Arts International, Switzerland, 1994.

92. 布兰姆勃克生活文化中心

> 地点：霍尔斯伽普
> 建筑师：G. 布尔吉斯
> 设计/建造年代：1986—1988，1990

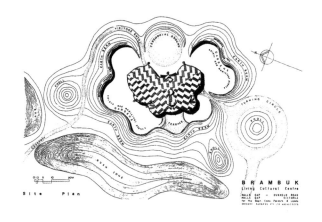

↑ 1 场地平面
↓ 2 外观

位于澳大利亚西维多利亚州的格兰扁国家公园内的布兰姆勃克生活文化中心是由土著民族所有并管理的设施，它提供了深入了解维多利亚州土著人民的历史与现状的条件。由墨尔本的建筑师G. 布尔吉斯（1945— ）和当地的土著群体紧密合作设计的，该生活文化中心部分是博物馆，部分是会议场所和信息中心。它的屋盖就像是樟脑国王或一只白鹦鹉（"布兰姆勃克"在

↑ 3 室内一
↓ 4 建筑剖面

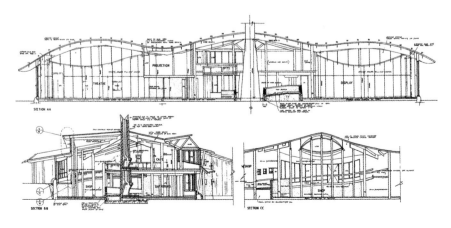

土话里是鹦鹉的意思），也像西维多利亚土著建造的坟堆和草屋式的掩蔽物，在这里建筑物通常处于由土堤围成的舞蹈和花园场地的中间。建筑总平面也包括了类似的由重叠的几何图形组成的曲线空间，在中央有一个用砖石筑成的烟囱。在烟囱后面有一条腰子形的坡道，绕过一家店铺到达二层的咖啡店。在河谷的另一端有一处山峰，可看到中心起伏的瓦楞铁皮屋顶。基墙用当地的砂岩筑成，屋盖用胶合木梁支托，使巨型的屋脊形成了似乎是有生命的建筑。（P. J. 哥德）

↑ 5 室内二

图纸和照片由 G. 布尔吉斯事务所提供

本设计荣获澳大利亚皇家建筑师学会泽尔曼·科温爵士奖以及澳大利亚皇家建筑师学会维多利亚分会的体制建筑类奖。

参考文献
⋮
Roger Johnson, "Brambuk Living Cultural Centre", *Architecture Australia*, 79, November 1990, pp. 26-28.
Rory Spence, "Brambuk Living Cultural Centre", *The Architectural Review*, October 1988, pp. 88-89.

93. 海滩住宅

地点: 圣安德鲁斯海滩
建筑师: N.卡特萨里迪斯
设计/建造年代: 1991

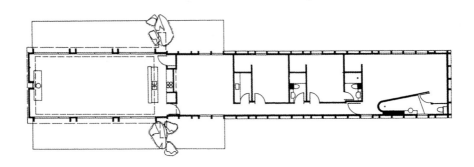

↑ 1 平面
↓ 2 起居部分外貌

农达·卡特萨里迪斯为自己于20世纪90年代初在澳大利亚维多利亚州圣安德鲁斯海滩设计、建造的住宅，它引人注意的特点是对原型的修辞性运用、强有力的二元对比以及原始材料的应用。它确定了卡特萨里迪斯在20世纪末作为澳大利亚领头设计师之一的地位。

住宅的长条平面具有乔治亚风格的简洁性和密斯的直接性，它把居住空间分为起居和睡眠部分，

↑ 3 卧室部分外貌
↓ 4 剖面透视

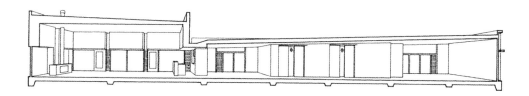

每一部分以独特的形式和材料来区别。卧室做成"木箱"式的,看来像是一条沙滩上的遇难残船,而起居部分则位于一个高玻璃墙和钢顶的亭中,又像是一台可观察风景的仪器照相机。

发锈的钢板、未装修的硬木、大岩石和从沙丘中整平的沙坛等都给人以一种古旧的暴露在海边的材料呈现出的老化状态的印象。(A. 梅特卡夫)

本设计荣获1992年澳大利亚皇家建筑师学会罗宾·博依德奖。

参考文献

"Two Beach Houses", *Architecture Australia*, May/June 1992, pp. 38–41.

"St. Andrews Beach House", *Domus*, April 1996, pp. 36–39.

↑ 5 外貌
↑ 6 起居与卧室部分之间的连接部

图纸和照片由建筑师提供

94. 斐济国会大厦

> 地点：苏瓦
> 建筑师：维梯亚设计事务所与斐济政府建筑师
> 设计/建造年代：1992

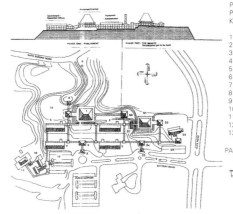

PHASE ONE
PARLIAMENT COMPLEX
KEY TO MUMBERS

1 VALE NI DOSE LAWA
2 PARLIAUENT OFFICES
3 GOYEANUENT OFFICES
4 OPPOSITION OFFICES
5 COUUITIEE FACILITIES
6 RECEPTION DURE
7 PARLIAUENT HALL
8 PORTE COCHERE
9 OUARD HOUSES
10 MEMOERS LIGRARY
11 MEMOERS LOUNGE
12 MEMOERS CARPANK
13 CEREMONIAL GROUNO

PHASE TWO
SENATE FACRITIES
KEY TO NUUGERS
S1 SENATE HOUSE
S2 SENATE HALL
S3 SENATE LOUNOE
S4 RECEPTION DUAE
S5 PORTE COCHENE
S6 YAOONA DUAE/
    CLOCK TOWER
S7 LIFT TOWER
S8 SENATE CAAPARK

PARLIAMENT OF FIJI
MASTER PLAN

→ 1 总平面（维梯亚设计
事务所提供）

斐济国会大厦建成于1992年选举之前，由于它对斐济传统的重视，明显地反映了政府要在这个多文化社会中加强本地文化的政策。建筑群体位于高地，既可看到一边的海和另一边的陆地，也象征着两者的联系。场地规划取材于传统村庄，把建筑物布置在庭院周围，用绿化和有盖的走道连接。

办公楼是狭长的，尺度较小，属常规设计，自然采光和通风，在北边用走道提供遮阳。绿化设计考虑了遮阳需要。构图焦点放在议会建筑，它位于一处高起的石基上。建筑基于名为"Bure Kalou"的传统宗教建筑，有一主宰性的单层陡坡屋顶。室内用圆形混凝土柱来仿照木柱，家具均为手工制作。装饰主要是用椰壳纤维垂直编成的织物（lalawa-magimagi）和当地俗称为"masi"的塔帕布（即树皮布的一种）。

（J. 泰勒）

参考文献
:

Ansell, Rob, "Cultural confidence in Fijian architecture", *Architecture New Zealand*, September/October, 1992, pp. 68-69.

Fiji: Our National Heritage: Parliament of Fiji (poster produced by Justin Francis), *Department of Town and Country Planning and the Ministry for Commerce*, Industry and Tourism, Fiji, c.1992.

↑ 2 议会大厦入口
← 3 议会厅内景
↓ 4 从空中俯视
→ 5 有盖的斜坡通道

照片经斐济国会同意，取自斐济工商旅游
部城镇规划局编制的宣传画，设计与摄影
人为 J. 弗朗西斯

95. 墨尔本板球场大南看台

地点：墨尔本
建筑师：汤姆金斯、肖与艾文思事务所，达里尔·杰克逊设计公司
设计/建造年代：1989—1990，1990—1992

← 1 看台剖面（设计草图）
↓ 2 流通坡道

为更换在1937年建的世界闻名的墨尔本板球场的南看台，新的大南看台有三个上层楼座共60000席位，另设饭店、25个酒吧和食品销售点、75个赞助人套间、办公室、四个球员更衣室和可供250辆车停靠的停车场。在外部，观众从斜道进场，有长排舷窗和侧角玻璃楼梯间，顶上是戏剧性的支撑屋盖的钢支柱、桅杆和悬挑桁架，其运动感使人想起20世纪20年代构成派

↑ 3 外观
→ 4 看台上层

↑ 5 等轴视图

图纸和照片由达里尔·杰克逊设计公司提供

的体育场设计。各上层楼台的视线完全自由,没有中间柱子的遮挡。在下二层间有单位座厢。用钢箱式主梁的悬挑结构支撑上层看台并提供它所需要的坡度。这些主梁承受了预应力后张式混凝土座位梁,下面的混凝土框架也用后张式梁纵向支撑。这种强有力的结构表现反映了达里尔·杰克逊(1937—)的参与,他在澳大利亚以设计体育建

筑而知名。颁奖的评委把它称为英雄式的,该看台已成为澳大利亚人喜爱体育运动和结构表现传统的纪念碑。(P. J. 哥德)

本设计荣获1992年澳大利亚皇家建筑师学会泽尔曼·科温爵士奖和澳大利亚皇家建筑师学会维多利亚州分会的建筑奖,以及澳大利亚皇家建筑师学会维多利亚州分会的体制建筑类奖。

参考文献

"MCG Southern Stand", Ar-
chitect, July 1992, pp.16-17.
Daryl Jackson, Daryl Jackson:
Selected and Current Works,
Images Publishing, Mulgrave,
Victoria, 1996.

96. 菲利普总督大厦与麦夸里总督大厦

‖ 地点: 悉尼
‖ 建筑师: 丹顿、考克与马歇尔事务所
‖ 设计 / 建造年代: 1994

两座塔楼建在澳大利亚第一座政府官员住所的旧址,与一群维多利亚时期联排建筑为邻。为了避开这些历史建筑,它们的底层办公用房离街面有40米。在这高大的空间中设置了一个用石贴面的玻璃顶盖,其中用格条和板把这些纪念性的表面切割为小单元,在视觉上使大尺度以较小的、可掌握的尺度感所覆盖。

它们给悉尼市城市景观带来了新的轮廓,尤其是在晚上。立面也用黑花岗岩和玻璃板块及不锈钢翅和嵌条做成方格系统。这种不同尺度的细心组合

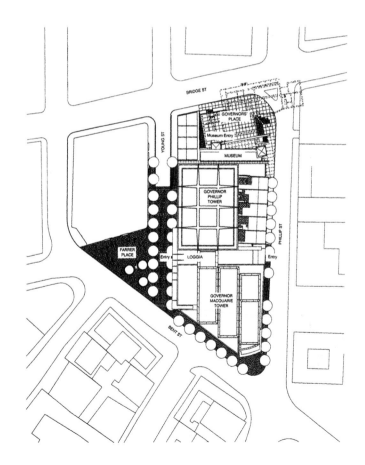

↑ 1 场地平面

← 2 菲利普总督大厦外观
→ 3 麦夸里总督大厦外观
↓ 4 菲利普总督大厦前厅

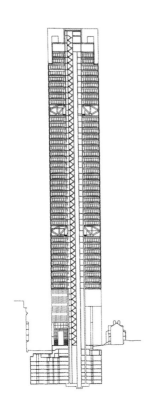

← 5 菲利普总督大厦剖面
↑ 6 菲利普总督大厦剖面

照片由 J. 哥林斯摄制，图纸和照片由丹顿、考克与马歇尔事务所提供

以及结构表现和工业化施工，加上在街面的许多细部处理，使这两座塔楼成为建筑和城市学的一个范例。（A. 梅特卡夫）

本设计荣获1994年苏尔曼奖。

参考文献

Thomas, B. and McClelland, N., "Governor Phillip Tower, Sydney", Arup Journal, 3/1994, pp. 15-18.
(Australian Architects Series)
Denton Corker Marshall, *RAIA*, Canberra,1988.

97. 南太平洋委员会总部

‖ 地点：努美阿
‖ 建筑师：太平洋建筑师事务所
‖ 设计/建造年代：1993—1994

1992年，为在新喀里多尼亚努美阿建造的南太平洋委员会总部的国际竞赛由太平洋建筑师事务所赢得，其方案富于创造性、现实性和象征性。它围绕密克罗尼西亚的航海地图展开，以代表通信、知识和文化，从而成为委员会及太平洋岛屿的活动标记。其他的航海隐喻还可见于独木舟似的屋顶形式以及运用传统造船技术的木节点。从太平洋岛屿来的花种也形成统一构图的重要因素，并提示了航海者的路径。

主要建筑包括会议中心和升高的图书馆，它为

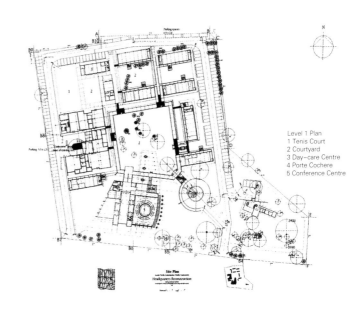

Level 1 Plan
1 Tenis Court
2 Courtyard
3 Day-care Centre
4 Porte Cochere
5 Conference Centre

↑ 1 场地平面

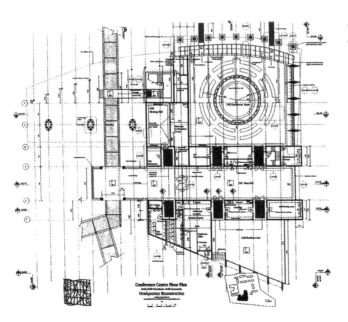

↑ 2 会议中心南立面
← 3 会议中心平面

下面的建筑提供了阴影。在会议中心内，用大型垂直的塔帕布制的百叶条控制阳光，室外反光池也向室内提供格式化的光线，作为关于海洋性的隐喻。太平洋主题还体现在运用椰子树木装饰墙面，用所罗门群岛和瓦努阿图来的科胡木做顶棚饰面等。

　　总体规划在建筑之间提供了竖向环形道路，路旁设有绿化的停车场地，并有一条两层高的走道围绕了中央开放空间。单体建筑都是长条形的，便于穿堂式通风，其长边是南北向的，在一侧有开放端。（J. 泰勒）◢

参考文献
:

Keith-Reid, Robert, "The Best Little Boathouse In Noumea", *Islands Business*, Vol. 21, No. 12, December 1995, pp. 36-37.
　"Pacific Metaphor for Head-quarters", *Architecture New Zealand*, November/December 1992, pp. 22-23.

↑ 4 室内
↑ 5 北立面外观
↑ 6 会议中心东、西立面

图纸和照片均由太平洋建筑师事务所提供

98. 墨尔本展览中心

地点: 墨尔本
建筑师: 丹顿、考克与马歇尔事务所
设计/建造年代: 1995—1996

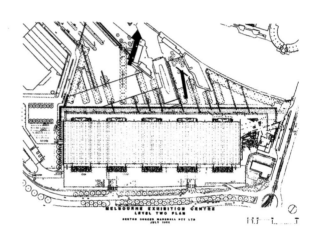

本中心供短期商业展览之用,它是一座戏剧性的线性建筑,用巨型曲线钢弓形桁架构成多功能的大空间。其剖面犹如一下面是停车场的现代机场,沿线性曲线脊梁有多个入口,把墨尔本的亚拉河作为自己的城市联系带。展览空间是一个30000平方米、可灵活使用的大厅,也可以分隔为一系列较小的展厅,这种做法取材于美术馆中人工照明的非采光空间。展厅不是那种自然采光的玻璃展品室,而是把飞机库做成画廊。在河边的玻璃走廊像脊梁似的蜿蜒有500米长,在河岸前有大片绿化。树林式的钢柱支撑了走廊的微坡屋盖。建筑内外都包了灰、银和黑色的金属及纤维薄板,像飞机上用的箔片。建筑檐口的机翼式的边沿加强了这种类比。在东端,一巨型挑板宣布了建筑在河岸的地位,成为这由多个盒式形体组成的闪闪发光的整体的一个巨大标记,其内部却是个未装修的建筑。(P.J.哥德)

本设计荣获1996年澳大利亚皇家建筑师学会泽尔曼·科温爵士奖和1996年澳大利亚皇家建筑师学会维多利亚州分会奥斯邦·麦克齐昂奖(商业建筑类)。

参考文献

Denton Corker Marshall:
"Exhibition Centre, Mel-
bourne" and Philip Goad:

←1 平面图
↑2 俯视图
↓3 室内一

"Reinventing Typologies: the Melbourne Exhibition Centre", *UME 2*,1996, pp. 18-27 & 28-29. Norman Day: "Exhibit One: the Melbourne Exhibition Centre", *Architecture Australia*, May/June 1996, pp. 46-51.

↑ 4 入口
← 5 室内二
↓ 6 剖面

照片由 J. 哥林斯摄制，图纸和照片由丹顿、考克与马歇尔事务所提供

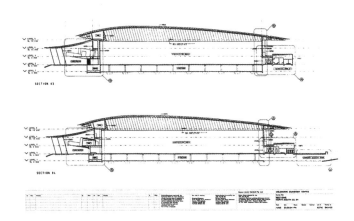

99. 普格住宅

地点: 惠灵顿
建筑师: 梅林与莫斯事务所
设计/建造年代: 1995—1996

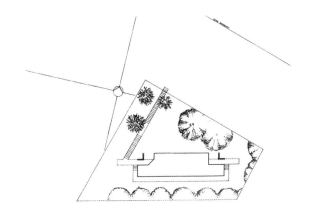

↑ 1 场地平面
↓ 2 室内

本住宅夹在山坡下一片成熟的杉树和自然灌木丛之间,只是隐隐约约地能从外面看到。它只有两层高,单间卧室,造价很低,必然面积很小。建筑平面为狭长矩形。其北墙全是玻璃,加上平屋面,使其外表看来像是个音箱,与毗邻的富有动感的坡屋面及山墙形成对比。业主对用板材贴面的反感使内部的每个部件都显露了里面的木框架。这些框架也在两端的外立面

↑ 3 外观
← 4 等轴视图

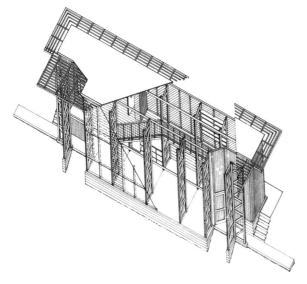

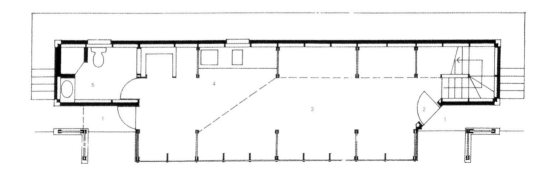

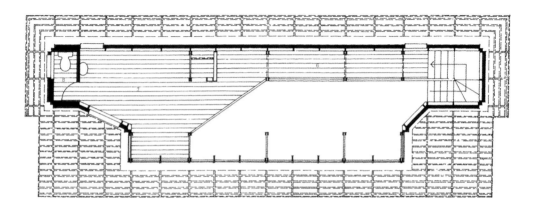

↑ 5 底层平面
↑ 6 二层平面

图纸和照片由梅林与莫斯事务所提供

显露，但与内部的不同在于做了防气候侵蚀的处理。外框架还用以标志进房屋的两个入口，均设在端部。门用再生木料，进入后的起居空间是开放型的，有双倍高的顶棚。一端设夹层卧室，另一端设楼梯。尽管在此建筑看不到波利尼西亚的记号，它仍然提供了人性的认同以及平静、深入思考的特征。*（R. 沃尔登/J. 嘉特丽）*

参考文献

Walden Russell, Manufactured Trees: The Bronwyn Pugh House, Forthcoming Book.

100. 让-马利·特吉巴欧文化中心

地点: 努美阿
建筑师: R. 皮亚诺
设计/建造年代: 1998

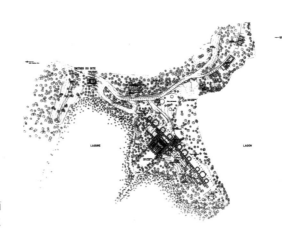

→ 1 场地平面
↓ 2 本土建筑

位于新喀里多尼亚努美阿的让-马利·特吉巴欧文化中心是法国政府向卡尔纳克族人所做的强有力的姿态。它向卡尔纳克族争取独立的领袖让-马利·特吉巴欧（于20世纪80年代冲突中被刺杀）表示敬意。在《马蒂贡和平议定书》中确定要为此文化中心建筑举行一次国际竞赛。

意大利建筑师R. 皮亚诺是参加竞赛的170人之一。他的设计因创造性而

↑ 3 从海面看到的外观
↘ 4 底层平面与剖面

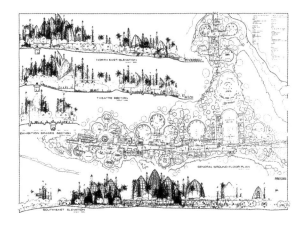

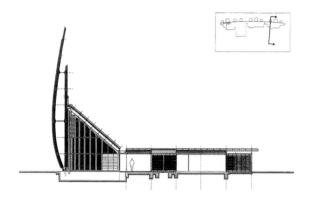

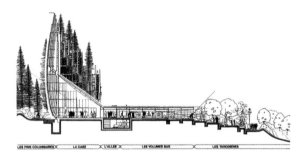

声名远播，他的建筑不仅反映出他对环境的关注，而且表现出了他对方案彻底详尽的研究。在为本竞赛进行准备时，他与著名的人类学家和南太平洋文化专家A. 本萨紧密合作。通过这种合作，他得以取材于本土文化并为其文化表达找到新的方向。

建筑的形式与场址有着强烈而动人的联系。它背对海洋吹来的劲风，却向岛内宁静的湖泊展臂开放。它用三组"房屋"形成流通脊梁，各向灿烂缤纷的花园开放。它用现代技术延伸了传统形式，缔造了一种光影相间、微风习习的自然有机感。皮亚

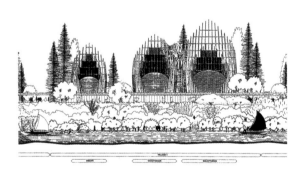

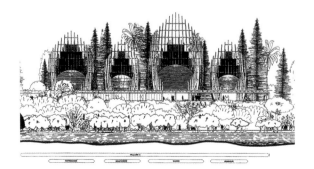

↑ 5 典型剖面

↑ 6 第一村落：接待、展览、餐厅、风景综览

↑ 7 第二村落：媒体、办公

← 8 第三村落：主题工作室（音乐、舞蹈、哑剧……）

→ 9 盾牌

↑ 10 空中全览
↓ 11 舞蹈者
→ 12 地方手工艺制品

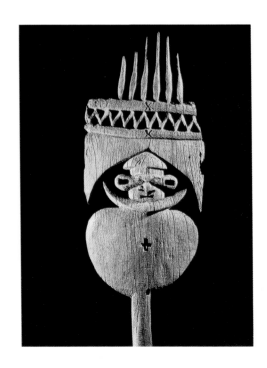

↑ 13 从海面看到的外观

图纸和照片由 R. 皮亚诺建筑工作室提供，J. 哥林斯摄影

诺对场地特征、位置、气候、材料以及对工艺的潜力、过去和未来的结合等的全面理解，使一种新的太平洋建筑模式得以诞生。

本建筑产生于复杂和激情的政治背景，却能以深刻的意义做出主题和文脉的反应。建筑的意义在于它强有力地提供了和平的象征，肯定了卡尔纳克的民族文化，又为其今后发展开启了大门。（*D. 蒂尔琳*）

D. 蒂尔琳博士是澳大利亚城市设计顾问服务局的主任。

本卷主编谢辞

林少伟

我要感谢各位评论员，他们从项目评选到封面封底照片选择以及参考书目等始终如一地给予了支持。我也特别感谢K.弗兰姆普敦教授，他以高度的理解力和职业精神极其细心地校阅了我的论文。

我还要特别对我的学生和研究助理S.贝特霍德表示感谢，她整理、协调了各位评论员寄来的材料。还有M.娄、C.T.林、K.W.李等。此外，S.马和M.郭也耐心地提供了秘书服务。

最后，我要感谢我的妻子有文。她对我的著作始终给予实质性的批判，并帮我修改英文。她经营着一家很有特色的书店，为我提供了极其宝贵和丰富的资源。

J.泰勒

我要感谢悉尼大学高级研究助理S.克拉克女士，她对本卷的编辑做出了杰出的贡献。她在长达两年的时间内所体现的智慧、负责精神和耐心探索使我深感钦佩。

我也要感谢张钦楠所做的巨大努力，特别是他在为收集本卷所需的插图和照片方面所做的大量工作。

我要感谢各位评论员，首先是评选了项目，随后又撰写了评介，甚至提供了自己珍藏的图照。我也要感谢D. 迪林，她为项目撰写了评论；另外K. 科斯梯根对巴布亚新几内亚项目提供了建议。

本卷的资料来自众多方面，在各页中均已刊出，我仍然要特别感谢：新西兰克赖斯特彻奇天主教会大主教J. M. 哈林顿允许并提供圣礼大教堂图照；斐济议会议长允许刊用议会部分图照；巴布亚新几内亚议会同意刊用议会图照；格朗兹爵士夫人同意并提供其私宅图照；新西兰住房局允许刊用伯翰坡住宅区图照。

我们从诸多建筑师、摄影师，事务所、照相所、图书馆、档案馆、博物馆和出版社得到了热诚的反应。

建筑师：I. 阿什菲尔德，J. 毕雷尔，R. 布尔吉斯，N. 克莱里亨，P. 弗雷姆，D. 伽扎德，R. 吉布逊，R. 乔哥拉，G. 穆考特，R. 霍尔，H. 赛德勒，G. 梅林，P. 穆勒，A. 莫斯，B. 里卡德，G. 史密斯，R. 瓦克，D. 威金森，K. 伍里。

事务所：安契尔/莫特洛克/伍里事务所，太平洋建筑师事务所，J. 安德鲁斯国际设计公司，贝茨、司马特与麦卡琴事务所，G. 布尔吉斯事务所，柯克斯、理查森与泰勒事务所，贾斯马克斯事务所，DCM，R. 霍尔事务所，达里尔·杰克逊设计公司，卡特萨里迪斯，MGT，R. 皮亚诺建筑工作室，维梯亚设计事务所和沃伦与马霍妮事务所。

摄影师：W. 西弗斯、M. 斯特里兹（通过威斯拷贝公司）、E. 西伦斯（M. 杜平公司）和 J. 毕雷尔。

档案、图书、博物馆：A. 透恩布尔图书馆，芝加哥艺术中心，奥克兰战争纪念馆、图像馆，米契尔图书馆，新西兰国家档案馆，澳大利亚维多利亚州立图书馆。

刊物、出版：A. 泰勒，澳大利亚建筑，独立组，奥雅纳。

中国建筑学会要我在此除了对提供资料者外，还向该会图书馆捐赠书刊者致谢：Z. 艾德华、达里尔·杰克逊、D. L. 约翰逊、W. 西弗斯、M. 斯特里兹和 D. 威金森。

支持者如此众多，如有无心遗漏，敬请原谅。

总参考文献

A. 东南亚

1. Aasen, Clarence(1998), Architecture of Siam: *A Cultural History Interpretation*, Kuala Lumpur: Oxford University Press.

2. Beamish, Jane and Ferguson, Jane(1985), *A History of Singapore Architecture*, Singapore: Graham Brash.

3. Chan Chee Yoong(ed.) (1987), *Post-Merdeka Architecture Malaysia, 1957-1987*, Kuala Lumpur: Pertubuhan Akitek Malaysia.

4. Chen, Voon Fee(Vol ed.) (1998), *The Encyclopedia of Malaysian Architecture*, Singapore: Archipelago Press.

5. Chew, Christopher C. W.(ed.) (1988), *Contemporary Vernacular: Conceptions and Perceptions—AA Asia Monograph One*, Singapore: AA Asia.

6. Chng, Nancy(1977), *Questioning Development in the Southeast Asia*, Singapore: Select Books.

7. Dumarcay, Jacques(1991), *The Palaces of South-East Asia—Architecture and Customs*, Singapore Oxford University Press.

8. Unknown (1987), *The House in South-East Asia*, Singapore: Oxford University Press.

9. Eryudhawan, Bambang (ed. etal) (1995), *Arsitek Muda Indonesia: Penjelajahan 1990-1995*, Indonesia: Arsitek Muda Indonesia.

10. Falconer, John (ed. etal) (1998), *Myanmar Style—Art, Architecture and Design of Burma, Singapore*: Periplus Editions (HK) Pte Ltd.

11. Hoskin, John(1995), *Bangkok by Design-Architectural Diversity in the City of Angels*, Bangkok: Post Books.

12. Inglis, Kim(ed.) (1997), *Tropical Asian Style, Singapore*: Periplus Editions (HK)Pte Ltd.

13. Iwan Sudradjat (1991), *A Study of Indonesian Architectural History*, PhD Thesis, University of Sydney, Department of Architecture.

14. Jumsai, Sumet(1988), *NAGA: Cultural Origins in Siam and the West Pacific*, Bangkok: Chalermnit Press.

15. Klassen, Winand(1986), *Architecture in the Philippines: Filipino Building in a Cross-cultural Context, Cebu* City: University of San Carlos.

16. Lee, Kip Lin(1988), *The Singapore House 1819-1942, Singapore*: Times Edition.

17. Leerdam, Ben F. van(1995), *Architect Henri Maclaine Point: An Intensive Search on the Essence of Javanese Architecture, Doctoral Dissertation*, Technische Universiteit Delft, Faculteit der Bouwkunde.

18. Lim Jee Yuan(1987), *The Malay House: Rediscovering Malaysia's Indigenous Shelter System, Pulau Pinang*: Institut Masyarakat.

19. Lim, William S. W.(1998), *Asian New Urbanism*, Singapore: Select Books.

20. Unknown (1990), *Cities for People: Reflections of a Southeast Asian Architect*, Singapore: Select Books.

21. Unknown(1980), *An Alternative Urban Strategy, Singapore*: DP Architects(Pte).

22. Unknown(1975), *Equity and Urban Environment in the Third World: With Special Reference to ASEAN Countries and Singapore*, Singapore: DP Consultant Service Pte Ltd.

23. Lim, William S. W., Mok Wei Wei(et al.) (1982), *Singapore River, Bu Ye Tian: A Conservation Proposal for Boat Quay*, Singapore: Bu Ye Tian Enterprises Pte Ltd.

24. Lim, William S. W.and Tan, Hock Beng(1998), *Contemporary Vernacular— Evoking Traditions in the Asian Architecture,* Singapore: Select Books.

25. Naengnoi Suksri and Freeman, Michael (1996), *Palaces of Bangkok—Royal Residences of the Chakri Dynasty, Bangkok*: Asia Books Co. Pte Ltd.

26. Nagashima, Koichi (ed.)(1980), *Contemporary Asian Architecture: Works of APAC Members, Process Architecture No. 20, Tokyo*: Process Architecture Publishing Co. Pte Ltd.

27. Polites, Nicholas (1977), *The Architecture of Leandro V. Locsin*, New York: Weatherhill.

28. Powell, Robert (1994), *Living Legacy: Singapore's Architectural Heritage Renewed, Singapore*: Singapore Heritage Society.

29. Unknown (1998), *Urban Asian House: Living in Tropical Cities*, Singapore: Select Books.

30. Unknown(1993), *The Asian House— Contemporary Houses of South East Asia*, Singapore: Select Books.

31. Unknown(1996), *The Tropical Asian House*, Singapore: Select Books.

32. Unknown(1997), *Line, Edge & Shade—The Search for a Design Language in Tropical Asia*, Singapore: Page One Publishing.

33. Pusadee Tiptas (1989), *Design in Thailand in Rattanakosin Period: Two Decades of Architectural Design in Thailand 1968–1989*, Bangkok: Creative Print.

34. Unknown(1992), *An Architectural Digest from Past to Present, Bangkok*: The Association of Siamese Architects Under Royal Patronage(ASA).

35. Unknown(1996), *Siamese Architect: Principle, Role, Work and Concept 1932–1994 Vol. 2, Bangkok*: The Association of Siamese Architects Under Royal Patronage(ASA).

36. Schaik, Leon van (ed.), (1996), *Asian Design Forum #7*, Asian Design Forum.

37. Singapore Planning and Urban Research Group (1967, 1971), *SPUR 1865–1967 and SPUR 1968–1971*, Singapore: SPUR.

38. Sompop Pirom,(1985), *Pyre in Rattanakosin, Bangkok*: Amarin Printing.

39. Sumalyo, Yulianto (1995), *Dutch Colonial Architecture in Indonesia*, Yogjakarta: Gadjah Mada University Press.

40. Tan, Hock Beng(1994), *Tropical Architecture and Interiors—Tradition-based Design of Indonesia, Malaysia, Singapore and Thailand*, Singapore: Page One Publishing Pte Ltd.

41. Tay, Kheng Soon (1989), *Mega-Cities in the Tropics: Towards an Architectural Agenda for the Future*, Singapore: Institute of the Southeast Asian Studies.

42. Taylor, Brian B. and Hoskin, John (1996), *Sumet Jumsai, Bangkok*: The key Publisher.

43. Vlatseas, S (1990), *A History of Malaysian Architecture*, Singapore: Longman.

44. Waterson, Roxana (1990), *The Living House— An Anthropology of Architecture in South-*

East Asia, Singapore: Oxford University Press.

45. Wyatt, David K.,(1984), *Thailand: A Short History*, Bangkok: Silkworm Books.

46. Yeoh, Ken, (1996), *The Skyscraper- Bioclimatically Considered*, London: Academy Editions.

47. Unknown(1992), *The Architecture of Malaysia*, Amsterdam: Pepin Press.

48. Yeoh, Brenda S. A (1996), *Contesting Spaces: Power Relations and the Urban Built Environment in Colonial Singapore*, USA: Oxford University Press.

B. 大洋洲

总目

1. Taylor, Jennifer, "*Oceania: Australia, New Zealand , Papua New Guinea and the smaller islands of the South Pacific*", Banister Fletcher, *A History of Architecture*, 19th Edition, Butterworths, London, 1987(20th Edition, London, 1995).

澳大利亚

2. Boyd, Robin, *Australia's Home: its Origins, Builders and Occupiers*, Melbourne University Press, Melbourne,1987(First Edition 1952).

3. Freeland, John Maxwell, *Architecture in Australia: A History*, Cheshire, Melbourne, 1968.

4. Howells, Trevor, and Michael Nicholson, *Towards the Dawn: Federation Architecture in Australia 1890-1915*, Hale and Iremonger, Sydney, 1989.

5. Irving, Robert(Ed.), *The History and Design of the Australian House*, Oxford University Press, Melbourne, 1985.

6. Jahn, Graham, *Contemporary Australian Architecture*, G+B Arts International Limited, Basel, Switzerland, 1994.

7. Johnson, Donald Leslie, *Australian Architecture, 1901-1951: Sources of Modernism*, Sydney University Press, Sydney, 1980.

8. Ogg, Alan, *Architecture in Steel: The Australian Context, Royal Australian Institute of Architects*, Red Hill, 1987.

9. Quarry, Neville, *Award Winning Australian Architecture*, Craftsman Press: G+B Arts International, Sydney, 1997.

10. Taylor, Jennifer, *An Australian Identity: Houses for Sydney: 1953-1963*, Department of Architecture, University of Sydney, 1984(First edition 1972).

11. Taylor, Jennifer, *Australian Architecture since 1960*, Royal Australian Institute of Architecture, Manuka, ACT, 1990 (First edition 1986).

新西兰

12. Fowler, Michael, *Buildings for New Zealanders*, Lansdowne Press, Auckland, 1984.

13. Hill, Martin, *New Zealand Architecture*, School Publications Branch, Department of Education, Wellington, 1981.

14. Hodgson, Terence, *Looking at the Architecture of New Zealand*, Grandham House, Wellington, 1990.

15. Mitchell, David, and Gillian Chaplin, *The Elegant Shed: New Zealand Architecture since 1945*, Oxford University Press, Auckland, 1984.

16. Shaw, Peter, *New Zealand Architecture: From Polynesian Beginnings to 1990*, Hodder and Stoughton, Auckland, 1991.

17. Stackpoole, John, and Peter Bevan, *New*

Zealand Art: Architecture 1820-1970, A. H. & A. W. Reed, Wellington, 1972.

18. Wilson, John (ed.), Zeal and Crusade;
Modern Architecture in Wellington, Te Waihora Press, Wellington, 1996.

张钦楠

后记

　　本丛书是中国建筑学会为配合1999年在中国北京举行第20次世界建筑师大会而编辑,聘请美国哥伦比亚大学建筑系教授K.弗兰姆普敦为总主编,中国建筑学会副理事长张钦楠为副总主编,按全球"十区五期千项"的原则聘请12位国际知名建筑专家为各卷编辑以及80余名各国建筑师为各卷评论员,通过投票程序选出20世纪全球有代表性的建筑1000项,以图文结合的方式分别介绍。每卷由本卷编辑撰写综合评论,评述本地区建筑在20世纪的演变与成就,并由评论员分工对所选项目各作几百字的单项文字评述,与精选图照配合。中国方面聘请关肇邺、郑时龄、刘开济、罗小未、张祖刚、吴耀东等为编委配合编成。

　　中国建筑工业出版社于1999年对此项目在人力、财力、物力方面积极投入,以王伯扬、张惠珍、董苏华、黄居正等编辑负责,与奥地利斯普林格出版社紧密合作,共同出版了中文、英文的十卷本精装版。丛书首版面世后,曾获得国际建筑师协会(UIA)屈米建筑理论和教育荣誉奖、国际建筑评论家协会(CICA)荣誉奖以及我国全国科技一等奖和中国出版政府奖提名奖。

国际建筑评论家协会（CICA）对本丛书的评论是："这部十卷本的作品是对全世界当代建筑的范围广阔的研究，把大量的实例收集在一起。由中国建筑学会发起，很多人提供了评论文字。它提供了一项可持久的记录，并以其多样性、质量、全面性受到嘉奖。这确实是一项给人印象深刻的成就。"

按照原协议及计划，这套丛书在精装本出版后，将继续出版普及的平装本，但由于各种客观原因，未能实现。

众所周知，20世纪世界建筑发生了由传统转为现代的巨大改变，其历史意义远超过了一个世纪的历史记录，生活·读书·新知三联书店有鉴于本丛书的持久文化价值，决定出版中文普及版。此次中文普及版，是在尊重原版的基础上，做了适当的加工与修订，但原"十区"名称中有个别与现今名称不同，保留原貌，以呈现历史真实。此次全面修订出版时，原书名《20世纪世界建筑精品集锦》改为《20世纪世界建筑精品1000件》。希以更好的面目供我国建筑师、建筑学界的师生、广大文化界人士来阅读、保存与参考。

2019年8月29日

图书在版编目（CIP）数据

20 世纪世界建筑精品 1000 件. 第 10 卷，东南亚与大洋洲／（美）K. 弗兰姆普敦总主编；
（新加坡）林少伟，（澳）J. 泰勒本卷主编；张钦楠译. —北京：生活·读书·新知三联书店，
2020.9

ISBN 978 - 7 - 108 - 06784 - 5

Ⅰ. ① 2…　Ⅱ. ① K… ② 林… ③ J… ④ 张…　Ⅲ. ① 建筑设计 - 作品集 - 世界 - 现代

Ⅳ. ① TU206

中国版本图书馆 CIP 数据核字（2020）第 138701 号

责任编辑　唐明星

装帧设计　刘　洋

责任校对　张国荣

责任印制　宋　家

出版发行　**生活·讀書·新知** 三联书店

　　　　　（北京市东城区美术馆东街 22 号　100010）

网　　址　www.sdxjpc.com

经　　销　新华书店

印　　刷　北京图文天地制版印刷有限公司

版　　次　2020 年 9 月北京第 1 版

　　　　　2020 年 9 月北京第 1 次印刷

开　　本　720 毫米 × 1000 毫米　1/16　印张 28.25

字　　数　150 千字　图 641 幅

印　　数　0,001 - 3,000 册

定　　价　198.00 元

（印装查询：01064002715；邮购查询：01084010542）